上海市工程建设规范

建筑信息模型数据交换标准

Data exchange standard for building information modeling

DG/TJ 08—2443—2023
J 17375—2024

主编单位:上海市建筑科学研究院有限公司
　　　　　上海建科工程咨询有限公司
批准部门:上海市住房和城乡建设管理委员会
施行日期:2024 年 6 月 1 日

U0347710

同济大学出版社

2024　上海

图书在版编目(CIP)数据

建筑信息模型数据交换标准 / 上海市建筑科学研究院有限公司，上海建科工程咨询有限公司主编. —上海：同济大学出版社，2024.6

ISBN 978-7-5765-1135-2

Ⅰ. ①建… Ⅱ. ①上… ②上… Ⅲ. ①建筑设计－计算机辅助设计－应用软件－数据交换－标准化 Ⅳ. ①TU201.4-65

中国国家版本馆 CIP 数据核字(2024)第 082440 号

建筑信息模型数据交换标准

上海市建筑科学研究院有限公司
上海建科工程咨询有限公司 **主编**

责任编辑 朱 勇
责任校对 徐春莲
封面设计 陈益平

出版发行 同济大学出版社 www.tongjipress.com.cn
(地址：上海市四平路 1239 号 邮编：200092 电话：021-65985622)
经　　销 全国各地新华书店
印　　刷 浦江求真印务有限公司
开　　本 889mm×1194mm 1/32
印　　张 5.375
字　　数 135 000
版　　次 2024 年 6 月第 1 版
印　　次 2024 年 6 月第 1 次印刷
书　　号 ISBN 978-7-5765-1135-2
定　　价 60.00 元

上海市住房和城乡建设管理委员会文件

沪建标定〔2024〕3 号

上海市住房和城乡建设管理委员会关于批准《建筑信息模型数据交换标准》为上海市工程建设规范的通知

各有关单位：

由上海市建筑科学研究院有限公司、上海建科工程咨询有限公司主编的《建筑信息模型数据交换标准》，经我委审核，现批准为上海市工程建设规范，统一编号为 DG/TJ 08—2443—2023，自 2024 年 6 月 1 日起实施。

本标准由上海市住房和城乡建设管理委员会负责管理，上海市建筑科学研究院有限公司负责解释。

上海市住房和城乡建设管理委员会

2024 年 1 月 3 日

前　言

根据上海市住房和城乡建设管理委员《关于印发〈2017年上海市工程建设规范编制计划〉的通知》（沪建标定〔2016〕1076号）要求，由上海市建筑科学研究院有限公司和上海建科工程咨询有限公司会同相关单位开展《建筑信息模型数据交换标准》（以下简称“标准”）编制工作。在编制过程中，标准编制组经过反复讨论，并在广泛征求意见的基础上，制定了本标准。

本标准的主要内容有：总则；术语；基本规定；数据交换组织与流程；数据交换内容；数据交换方式；附录A～G。

各单位及相关人员在执行本标准过程中，如有意见和建议，请反馈至上海市住房和城乡建设管理委员会（地址：上海市大沽路100号；邮编：200003；E-mail：shjsbzgl@163.com），上海市建筑科学研究院有限公司（地址：上海市宛平南路75号；邮编：200032；Email：zengshajie@sribs.com），上海市建筑建材业市场管理总站（地址：上海市小木桥路683号；邮编：200032；E-mail：shgcbz@163.com），以供今后修订时参考。

主编单位：上海市建筑科学研究院有限公司
上海建科工程咨询有限公司

参编单位：上海世博建设开发有限公司
上海临港新城建设工程管理有限公司
华东建筑集团股份有限公司
上海市城市建设设计研究总院（集团）有限公司
上海市地下空间设计研究总院有限公司
上海市隧道工程轨道交通设计研究院
中建方程投资发展集团有限公司

上海百通项目管理咨询有限公司
上海建科数创智能科技有限公司
上海交通大学
上海建工七建集团有限公司
舜元建设(集团)有限公司
上海蓝色星球科技股份有限公司

主要起草人员:周红波　曾莎洁　洪　辉　吴　强　沈　祺
高承勇　琚　娟　芮烨豪　杨海涛　曹　峰
孟　柯　吴克辛　王一鸣　王　科　陈　军
史健勇　尤雪春　李　青　陈根宝　徐　瑶
崔梓萍　徐旻洋　李卫东　葛怡璇　陈　琳
陈泽天　金　戈　冷喆祥　朱天祺

主要审查人员:谢雄耀　王晓鸿　王臻倬　张吕伟　陈滨津
余芳强　张　双

上海市建筑建材业市场管理总站

目　次

Contents

1 总 则

1.0.1 为规范和引导上海市建设工程全生命期中基于建筑信息模型的数据交换，提升数据应用效率和各参与方协同工作水平，特制定本标准。

1.0.2 本标准适用于上海市建设工程全生命期各参与方之间基于建筑信息模型的数据交换过程。

1.0.3 建筑信息模型的数据交换，除应符合本标准外，尚应符合国家、行业和上海市现行有关标准的规定。

2 术 语

2.0.1 各参与方 stakeholder

能够影响BIM技术应用的决策或活动、受BIM技术应用的决策或活动影响，或感觉自身受到BIM技术应用决策或活动影响的组织。

2.0.2 BIM策划文件 BIM execution plan

在项目BIM应用实施前，由建设单位(或其委托的BIM咨询单位)编制的文件，该文件将概述BIM应用的目标以及团队实现该目标需遵循的实施细节。

2.0.3 建筑信息模型数据交换 BIM data exchange

以建筑信息模型为载体，各参与方基于项目全生命期的应用需求，对建筑信息模型数据创建、存储、传递、访问和存档的系列活动。

2.0.4 数据交换模板 data exchange template

是用于建设工程全生命期中为特定目的的工程对象进行数据交换的模板文件。

2.0.5 几何数据 geometric data

BIM构件内部几何形态和外部空间位置数据的集合。

2.0.6 属性数据 attribute data

BIM构件相关联的属性数据的集合。

2.0.7 应用程序接口 application programming interface (API)

定义一组规则和标准，用于连接不同的软件应用或服务，以实现信息共享、交互和集成的接口。

2.0.8 模型数据库 BIM database

以BIM数据为管理对象的数据库管理系统。

2.0.9 通用数据环境 common data environment

基于信息容器的项目或资产信息管理系统，由信息容器的收集、管理、分发的可控处理过程组成。

2.0.10 工业基础类 industry foundation class(IFC)

是一个计算机可以处理的建筑数据表示和交换标准，由资源层、核心层、共享层和领域层四个层次构建。

3 基本规定

3.0.1 基于建筑信息模型的数据交换宜覆盖建设工程全生命期,也可根据工程实际需求覆盖某些环节或任务。

3.0.2 建设工程实施 BIM 技术前,建设单位应自行或委托 BIM 咨询单位牵头各参与方共同制定 BIM 策划文件,明确数据交换组织、内容、流程和方式,并参照 BIM 策划文件进行数据交换的全过程管理。

3.0.3 建设单位应结合项目建设管理模式和各参与方 BIM 应用水平,明确各参与方基于 BIM 的数据交换流程。

3.0.4 建设单位应根据项目应用需求及各参与方 BIM 应用水平等因素,综合确定数据交换需求,并通过数据交换模板的形式明确数据交换内容。

3.0.5 建筑信息模型数据宜通过建立通用数据环境实现数据交换,并能支撑全生命期各参与方 BIM 应用需求。

3.0.6 建筑信息模型数据在创建、存储、交换和应用过程中,应采取协议约定等措施明确数据安全要求,充分考虑数据安全及数据完整。

4 数据交换组织与流程

4.1 一般规定

4.1.1 建筑信息模型数据交换组织和流程宜适应项目建设管理模式。

4.1.2 数据交换组织应识别各参与方数据需求和范围，根据自身数据管理能力、相关方约定及各参与方数据需求之间的内在联系，确定数据交换流程和内容。

4.2 数据交换组织

4.2.1 数据交换涉及的各参与方宜包括建设单位、设计单位、施工单位、监理单位和运维单位。

4.2.2 BIM 策划文件中应明确数据交换组织，并规定各参与方在数据交换过程中的角色和工作职责。

4.2.3 数据交换角色应根据数据交换过程中的工作职责分为数据输出方和数据接收方，并符合下列规定：

1 数据输出方负责数据交换的数据输出，以及数据交换前的数据创建、更新和管理。

2 数据接收方负责数据交换的数据接收，以及数据交换后的数据创建、更新和管理。

4.2.4 建设单位数据交换职责宜符合下列规定：

1 牵头基于 BIM 策划文件开展全生命期基于建筑信息模型的数据交换活动。

2 明确全生命期内各阶段数据交换要求，创建并更新数据交换模板。

3 审核各阶段创建模型交换数据的完整性、准确性，并确保数据传递的及时性。

4 接收各参与方数据交换活动中的模型及数据，并及时更新和管理。

5 及时向各参与方反馈数据更新后的 BIM 模型及数据。

4.2.5 设计单位数据交换职责宜符合下列规定：

1 根据数据交换模板创建设计阶段 BIM 模型及数据。

2 确保模型及数据向施工阶段传递的完整性、准确性和及时性。

4.2.6 施工单位数据交换职责宜符合下列规定：

1 确认并接收设计阶段传递的模型及数据。

2 创建和更新施工阶段 BIM 模型及数据。

3 及时向设计单位反馈数据更新后的 BIM 模型及数据。

4 确保模型及数据向运维阶段传递的完整性、准确性和及时性。

4.2.7 监理单位数据交换职责应符合下列规定：

1 审核数据交换模板的完整性和准确性。

2 审核各阶段各参与方创建模型交换数据的完整性、准确性。

4.2.8 运维单位数据交换职责应符合下列规定：

1 确认并接收施工阶段传递的模型及数据。

2 完成竣工模型向运维模型的转化。

3 更新和管理运维阶段 BIM 模型及数据。

4.3 数据交换流程

4.3.1 建设单位应牵头各参与方结合数据交换模板建立项目全生命期的数据交换流程。

4.3.2 数据交换流程宜覆盖规划阶段、设计阶段、施工阶段和运维阶段在内的全生命期。

4.3.3 建筑信息模型数据交换流程应包括角色、活动和逻辑三个要素，并符合下列规定：

1 角色包括数据交换组织和交换过程中的职责角色。

2 活动包括数据交换各节点操作和数据交换的输入和输出内容、条件。

3 逻辑包括各节点之间的关系、判定条件和流转方向。

4.3.4 建筑信息模型数据交换前，数据输出方应对交换数据进行检查，并符合下列规定：

1 建筑信息模型数据经过审核、清理。

2 建筑信息模型数据版本经过确认。

3 建筑信息模型数据分组、名称、类型、单位等要素符合项目要求。

4 建筑信息模型数据内容符合准确性、协调性和一致性要求。

4.3.5 建筑信息模型数据交换后，数据接收方应对交换数据进行核对和确认，并符合下列规定：

1 建筑信息模型数据包括数据输出方承担任务交付的数据内容。

2 建筑信息模型数据包括数据接收方承担任务接收的数据内容。

3 建筑信息模型数据内容符合准确性、协调性和一致性要求。

4.3.6 建筑信息模型数据交换完成后，数据输出方和数据接收方应对数据交换的内容、格式、版本等进行确认，并做好版本管理和备份管理。

4.3.7 建筑信息模型数据交换流程宜采用流程图进行绘制，并明确项目全生命期各组织、各阶段工作任务及对应成果之间的逻辑关系。

5 数据交换内容

5.1 一般规定

5.1.1 数据交换内容宜根据各参与方在项目全生命期各阶段应用需求逐步完善和明确。

5.1.2 数据交换内容应包括模型几何数据及属性数据。

5.1.3 几何数据应通过建筑信息模型实现交换，且符合现行国家标准《建筑信息模型设计交付标准》GB/T 51301 中关于几何表达精度的相关规定，并与上海市相关标准相协调。

5.1.4 属性数据应通过数据交换模板实现数据的交换。

5.1.5 属性数据宜包括模型单元编码，其分类与编码规则应符合现行国家标准《建筑信息模型分类和编码标准》GB/T 51269 的规定，并与上海市各专项标准相协调。

5.1.6 数据交换模板应同时满足各参与方工程人员的应用需求和软件开发人员二次开发技术需求。

5.2 数据交换模板要求

5.2.1 数据交换模板宜根据模型单元精细度分级建立。

5.2.2 数据交换模板内容宜包括但不限于模板名称、创建阶段、创建单位、更新单位、版本号、数据分组、数据名称、字段名称、数据值、数据类型、计量单位、约束条件、阶段编号等，并符合本标准附录 A 的相关规定。

5.2.3 各参与方可根据项目需求对数据交换模板中的数据名称进行选择、补充或删除。

5.2.4 数据交换模板中的数据值可输入建筑信息模型，亦可从建筑信息模型导出并生成数据交换模板。

5.2.5 不同专项领域应基于自身行业特点，制定相应数据交换模板。

5.2.6 项目各参与方应根据数据交换模板及各参与方职责明确相关数据值的创建、继承和更新职责。

5.3 民用建筑工程领域数据交换模板要求

5.3.1 民用建筑工程领域数据交换模板宜分为项目、单体、楼层、空间、系统、构件数据交换模板。

5.3.2 项目数据宜按项目标识、建设说明、建筑类别或等级、技术经济指标、参与方信息进行分组，其数据交换模板应符合本标准附录B的相关规定。

5.3.3 单体数据宜按单体标识、建设说明、技术经济指标、参与方信息进行分组，其数据交换模板应符合本标准附录B的相关规定。

5.3.4 楼层数据宜按楼层标识、楼层说明进行分组，其数据交换模板应符合本标准附录B的相关规定。

5.3.5 空间数据宜按房间、区域和区域组合进行分组，其数据交换模板应符合本标准附录B的相关规定。

5.3.6 系统数据宜按身份标识、定位信息、设计参数进行分组，其数据交换模板应符合本标准附录B的相关规定。

5.3.7 构件数据宜按身份标识、定位信息、设计参数、生产信息、施工信息、运维信息进行分组，其数据交换模板应符合本标准附录B的相关规定。

5.4 人防工程领域数据交换模板要求

5.4.1 人防工程领域数据交换模板分类原则宜与民用建筑领域

保持一致。

5.4.2 人防工程领域数据交换模板宜分为项目、空间、系统和构件数据交换模板。

5.4.3 人防工程领域数据交换模板宜结合平战转换等人防数据要求进行建立。

5.4.4 项目数据宜按建设说明、建筑类别或等级、技术经济指标进行分组,其数据交换模板应符合本标准附录C的相关规定。

5.4.5 空间数据宜按人防区域和人防防护单元进行分组,其数据交换模板应符合本标准附录C的相关规定。

5.4.6 系统数据宜设置设计参数分组,其数据交换模板应符合本标准附录C的相关规定。

5.4.7 构件数据宜设置平战转换要求分组,其数据交换模板应符合本标准附录C的相关规定。

5.5 市政道路桥梁领域数据交换模板要求

5.5.1 市政道路桥梁领域数据模板宜分为项目、标段、道路路线、道路路面、道路路基、桥梁单体和构件数据交换模板。

5.5.2 项目数据宜按项目标识、建设说明、道路等级、桥梁类别、技术经济指标、参与方信息进行分组,其数据交换模板宜符合本标准附录D的相关规定。

5.5.3 标段数据宜按标段标识、建设说明、技术经济指标、参与方信息进行分组,其数据交换模板宜符合本标准附录D的相关规定。

5.5.4 道路路线数据宜按平面、纵断面、横断面进行分组,其数据交换模板宜符合本标准附录D的相关规定。

5.5.5 道路路面数据宜按身份标识、定位信息、设计参数、施工信息、运维信息进行分组,其数据交换模板宜符合本标准附录D的相关规定。

5.5.6 道路路基数据宜按身份标识、定位信息、设计参数、施工信息、运维信息进行分组，其数据交换模板宜符合本标准附录D的相关规定。

5.5.7 桥梁单体数据宜按单体标识、定位信息、建设说明、技术经济指标、参与方信息进行分组，其数据交换模板宜符合本标准附录D的相关规定。

5.5.8 构件数据宜按身份标识、定位信息、设计参数、施工信息、运维信息进行分组，其数据交换模板宜符合本标准附录D的相关规定。

5.6 市政给排水领域数据交换模板要求

5.6.1 市政给排水领域数据交换模板宜分为项目、标段、给水排水管网工程系统、给水排水管网工程附属构筑物、给水厂（站）工程系统、给水厂（站）工程构筑物、排水厂（站）工程系统、排水厂（站）工程构筑物、市政给水排水工程构件数据交换模板。

5.6.2 项目数据宜按项目标识、建设说明、市政给水排水工程类型、技术经济指标、参与方信息进行分组，其数据交换模板宜符合本标准附录E的相关规定。

5.6.3 标段数据宜按标段标识、建设说明、技术经济指标、参与方信息进行分组，其数据交换模板宜符合本标准附录E的相关规定。

5.6.4 给水排水管网工程系统数据宜按身份标识、定位信息、设计参数、施工信息和运维信息进行分组，其数据交换模板宜符合本标准附录E的相关规定。

5.6.5 给水排水管网工程附属构筑物数据宜按身份标识、定位信息、设计参数、施工信息、运维信息进行分组，其数据交换模板宜符合本标准附录E的相关规定。

5.6.6 给水厂（站）工程系统宜分为工艺系统、给水排水系统、暖通空调系统、电气系统、智能化系统，其数据宜按身份标识、定位信息、设计参数、施工信息、运维信息进行分组。其中，工艺系统数据交换模板应符合本标准附录E的相关规定。

5.6.7 给水厂(站)工程构筑物数据宜按身份标识、定位信息、设计参数、施工信息、运维信息进行分组，其数据交换模板宜符合本标准附录E的相关规定。

5.6.8 排水厂(站)工程系统宜分为工艺系统、给水排水系统、暖通空调系统、电气系统、智能化系统，其数据宜按身份标识、定位信息、设计参数、施工信息、运维信息进行分组，其中工艺系统数据交换模板宜符合本标准附录E的相关规定。

5.6.9 排水厂(站)工程构筑物数据宜按身份标识、定位信息、设计参数、施工信息、运维信息进行分组，其数据交换模板宜符合本标准附录E的相关规定。

5.6.10 市政给水排水工程构件数据宜按身份标识、定位信息、设计参数、施工信息、运维信息进行分组，其数据交换模板宜符合本标准附录E的相关规定。

5.7 轨道交通领域数据交换模板要求

5.7.1 轨道交通领域数据模板分类宜分为项目、系统、构件数据交换模板。

5.7.2 项目数据宜按项目标识、建设说明、技术经济指标、参与方信息进行分组，其数据交换模板宜符合本标准附录F的相关规定。

5.7.3 系统数据宜按身份标识、建设信息、定位信息、技术参数、参与方信息进行分组，其数据交换模板宜符合本标准附录F的相关规定。

5.7.4 构件数据宜按身份标识、定位信息、设计参数、生产信息、施工信息、运维信息、平转换要求进行分组，其数据交换模板宜符合本标准附录F的相关规定。

6　数据交换方式

6.1　一般规定

6.1.1　工程项目各参与方应根据项目需求，建立一种或多种方式组合的数据交换方式，提升建筑信息模型在不同程序之间的数据交换能力。

6.1.2　建筑信息模型的数据交换方式可分为基于文件的数据交换方式、基于程序接口的数据交换方式和基于模型数据库的数据交换方式。

6.1.3　建筑信息模型的数据交换方式应能满足基于数据交换模板的数据交换。

6.2　基于文件的数据交换

6.2.1　基于文件的数据交换方式应分为基于专有交换格式和标准交换格式。

6.2.2　建设工程领域专有交换格式应由 BIM 软件开发公司开发并定义。

6.2.3　建设工程领域标准交换格式应为工业基础类。

6.2.4　以工业基础类文件进行建筑信息模型数据提交、存储与交换时应符合现行国家标准《建筑信息模型存储标准》GB/T 51447 的有关规定。

6.2.5　建设工程领域常见交换格式宜符合本标准附录 G 的相关规定。

6.3 基于程序接口的数据交换

6.3.1 基于程序接口的数据交换方式应用的程序编程接口应由建模软件开发公司提供。

6.3.2 应用程序编程接口可基于一种或多种编程语言进行开发。

6.3.3 程序编程接口应随着数据模型的变化或版本的变化保持更新。

6.4 基于模型数据库的数据交换

6.4.1 模型数据库应由建设单位或其委托的BIM咨询单位建立并部署。

6.4.2 模型数据库应能提供基于对象的管理功能,允许查询、传输、更新和管理以多种方式分区和分组的模型数据,以支持潜在的异构应用程序集。

6.4.3 模型数据库宜基于工业基础类标准数据模型构建,以提供通用数据环境。

6.4.4 模型数据库宜集成至基于文件的项目管理信息系统(PMIS)中,形成基于BIM的对象级协同管理平台系统。

6.4.5 模型数据库应支持广泛的应用程序创建的代表同一个项目的多专业模型同步和变更管理,并支持下列基本功能:

1 管理与项目关联的用户的访问控制,支持为不同用户提供不同级别的模型粒度提供访问和读/写/创建能力。

2 以专有数据格式或开放标准格式将BIM模型导入和解析到对象级数据实例中。导入的文件也可以保存为原始文件格式,并与项目数据相关联进行管理。

3 以专有数据格式或开放标准格式将BIM数据库中的对象

级数据实例查询和导出为独立的 BIM 模型文件。

4 基于更新事务协议实现对模型对象的管理，如读取、写入和删除。

5 控制存储数据的版本。

6 在数据库中可视化 BIM 数据。

7 支持 BIM 数据的可视化查询，使用户可以直接从存储在 BIM 数据库中的可视化 3D 模型中直观地查询、查看和选择他们需要的数据。

8 支持基于网络或云的功能，具有高度安全性，可保护数据免受黑客攻击和病毒攻击，并且符合现行国家标准《信息技术　云数据存储和管理　第 1 部分：总则》GB/T 31916.1、《信息技术　备份存储　备份技术应用要求》GB/T 36092 和现行行业标准《信息安全技术　云存储系统安全技术要求》GA/T 1347 的规定。

9 支持构件库，用于在设计或制造详图期间将产品实体整合到 BIM 模型中。

10 支持存储产品规格和其他产品维护和服务信息，用于链接到竣工模型以供所有者移交。

11 存储成本、供应商、订单发货清单和发票的电子商务数据，以链接到应用程序。

12 管理非结构化形式的通信和多媒体数据。

6.4.6 模型数据库的系统架构和交换流程宜符合下列规定：

1 用户进行 BIM 模型创建时可通过模型数据库获取所需数据，并对模型中的数据进行扩展，再将扩展的模型重新提交至模型数据库，以此实现数据的交互。

2 模型数据库宜基于工业基础类标准进行数据库开发。

3 模型数据库数据宜满足各 BIM 应用需求的数据要求。

4 模型数据库宜实现与传统的项目管理系统数据库之间交换和集成。

5 模型数据库理想架构和交换流程应符合图 6.4.6 的相关

规定。

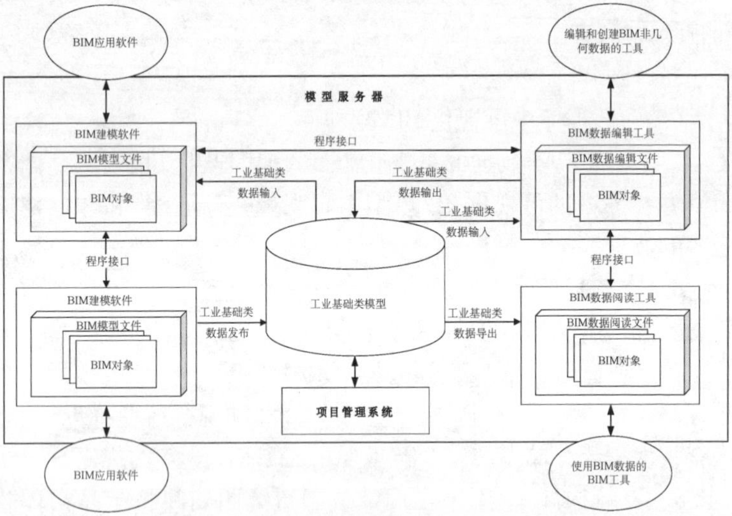

图 6.4.6　模型数据库支持的内部架构和信息交换流程示例

6.4.7　模型数据库应基于数据库平台进行开发，包括但不局限于关系型数据库、面向对象型数据库、非关系型数据库和对象关系型数据库。

6.4.8　模型数据库的开发安全应符合现行国家标准《计算机信息系统安全保护等级划分准则》GB 17859、《信息安全技术　信息系统安全管理要求》GB/T 20269、《信息安全技术　网络基础安全技术要求》GB/T 20270、《信息安全技术　信息系统通用安全技术要求》GB/T 20271 和《信息安全技术　网络安全等级保护基本要求》GB/T 22239 的规定。

附录 A　数据交换模板

表 A　数据交换模板

模板名称											
创建阶段											
创建单位											
更新单位											
版本号											
序号	数据分组	数据名称	字段名称	数据值	单位	数据类型	约束	P	D	C	M
1											
2											
3											
4											
5											
6											

续表A

序号	数据分组	数据名称	字段名称	数据值	单位	数据类型	约束	P	D	C	M
7											
8											
9											
10											

注：1 模板名称应基于模板对应描述的模型单元精细度进行命名。
2 创建阶段应分为规划阶段、设计阶段、施工阶段和运维阶段。
3 创建单位应分为建设单位、设计单位、施工单位和运维单位。
4 更新单位应分为建设单位、设计单位、施工单位和运维单位。
5 版本号宜用英文字母和阿拉伯数字组成。
6 数据分组可参考国家标准《建筑信息模型设计交付标准》GB/T 51301—2018 的相关规定，也可根据项目实际情况自行定义。
7 数据名称应根据对象特征和应用需求逐一列举，宜涵盖该类别数据交换模板的常用或关键数据。
8 字段名称应与数据名称实现唯一性对应。
9 数据值应由各工程相关方进行创建(N)、继承(I)和更新(R)。
10 数据类型应包括数值型、文本型、日期型、字符型和逻辑型。
11 计量单位应符合国家及行业现行有关标准的规定。无单位的数据，计量单位应填写符号“—”或汉字“无”或英文“N/A”。当数据值可计量时，本字段不得空缺。
12 约束条件分为必填数据(M)和可填数据(O)。
13 阶段编号应包括规划阶段(P)、设计阶段(D)、施工阶段(C)以及运维阶段(M)，对应数据交换职责宜包括创建(N)、继承(I)、更新(R)和不涉及(-)。

附录 B　民用建筑工程领域数据交换模板

B. 0. 1　项目数据交换模板应符合表 B. 0. 1 的相关规定。

表 B. 0. 1　项目数据交换模板

模板名称		某一项目数据交换模板（如上海中心大厦）									
创建阶段		规划阶段									
创建单位		建设单位									
更新单位		建设单位、运维单位									
版本号		V *_*									
序号	数据分组	数据名称	字段名称	数据值	单位	数据类型	约束	P	D	C	M
1	项目标识	项目名称	project_name	—	NA	文本型	M	N	I	I	R
2		项目编码	project_code	—	NA	字符型	M	N	I	I	-
3		项目简称	project_abbreviation	—	NA	文本型	O	N	I	I	R
4	建设说明	建设地点	project_address	—	NA	文本型	M	N	I	I	-
5		自然条件	natural_condition	—	NA	文本型	O	N	I	I	-

续表B. 0. 1

序号	数据分组	数据名称	字段名称	数据值	单位	数据类型	约束	P	D	C	M
6	建设说明	地形地貌	topography	—	NA	文本型	O	N	I	I	-
7		建设依据	construction_ref	—	NA	文本型	M	N	I	I	-
8		采用坐标体系	coordinate_system	—	NA	文本型	O	N	I	I	-
9		立项批文编号	approval_number	—	NA	字符型	M	N	I	I	-
10		立项方式	initiation_method	—	NA	文本型	M	N	I	I	-
11		项目特点	project_feature	—	NA	文本型	O	N	I	I	-
12	建筑类别或等级	项目分类	project_type	—	NA	文本型	M	N	I	I	-
13		抗震等级	seismic_rating	—	NA	字符型	M	N	I	I	-
14		绿色建筑等级	green_building_level	—	NA	字符型	M	N	I	I	-
15	技术经济指标	总投资额	investment_sum	—	万元	数值型	M	N	R	R	I
16		用地面积	site_area	—	m^2	数值型	M	N	R	R	I
17		建筑面积	gross_floor_area	—	m^2	数值型	M	N	R	R	I
18		地上建筑面积	above_ground_area	—	m^2	数值型	M	N	R	R	I
19		地下建筑面积	underground_area	—	m^2	数值型	M	N	R	R	I
20		占地面积	floor_area	—	m^2	数值型	O	N	R	R	I
21		绿地面积	total_green_area	—	m^2	数值型	O	N	R	R	I
22		容积率	FAR	—	NA	数值型	O	N	R	R	I
23		车位数量	parking_num	—	个	数值型	M	N	R	R	I

续表B. 0. 1

序号	数据分组	数据名称	字段名称	数据值	单位	数据类型	约束	P	D	C	M
24	参与方信息	建设单位名称	owner_name	—	NA	文本型	M	N	I	I	-
25		建设单位性质	owner_nature	—	NA	文本型	M	N	I	I	-

B. 0. 2 单体数据交换模板应符合表 B. 0. 2 的相关规定。

表 B. 0. 2 单体数据交换模板

模板名称		某一单体数据交换模板(如 1# 楼-行政办公楼)									
创建阶段		设计阶段									
创建单位		设计单位									
更新单位		建设单位、运维单位									
版本号		V *_*									
序号	数据分组	数据名称	字段名称	数据值	单位	数据类型	约束	P	D	C	M
1	单体标识	单体名称	unit_name	—	NA	文本型	M	-	N	R	R
2		单体编号	unit_num	—	NA	字符型	M	-	N	R	R
3		单体类型	unit_type	—	NA	文本型	M	-	N	I	R
4	建设说明	所属标段	belonging_tender	—	NA	文本型	O	-	N	N	-
5		结构类型	structure_type	—	NA	文本型	N	-	N	I	I
6		地基类型	foundation_type	—	NA	文本型	O	-	N	I	I

续表B. 0. 2

序号	数据分组	数据名称	字段名称	数据值	单位	数据类型	约束	P	D	C	M
7	建设说明	装配率	assembly_rate	—	NA	文本型	O	-	N	I	-
8		开工日期	start_date	—	NA	日期型	O	-	-	N	-
9		竣工日期	completion_date	—	NA	日期型	O	-	-	N	-
10		合同工期	contract_duration	—	NA	数值型	O	-	-	N	-
11		实际开工日期	actual_start_date	—	NA	日期型	O	-	-	N	-
12		实际竣工日期	actual_completion_date	—	NA	日期型	O	-	-	R	-
13		基点坐标	basepoint_coordinates	—	NA	字符型	O	-	N	I	-
14	技术经济指标	建筑面积	total_area	—	m^2	数值型	M	-	N	R	I
15		层数	floor_number	—	NA	数值型	M	-	N	R	I
16		地上层数	floors_above	—	NA	数值型	O	-	N	R	I
17		地上建筑面积	above_ground_area	—	m^2	数值型	O	-	N	R	I
18		地下层数	floors_below	—	NA	数值型	O	-	N	R	I
19		地下建筑面积	underground_area	—	m^2	数值型	O	-	N	R	I
20		总高度	total_height	—	m	数值型	M	-	N	R	I
21	参与方信息	设计单位名称	design_name	—	NA	文本型	M	-	N	R	I
22		施工单位名称	construction_name	—	NA	文本型	M	-	-	N	I
23		监理单位名称	supervision_name	—	NA	文本型	M	-	-	N	I

B. 0. 3 楼层数据交换模板应符合表 B. 0. 3 的相关规定。

表 B. 0. 3 楼层数据交换模板

模板名称		某一楼层数据交换模板(如 1# 楼-行政办公楼-第 1 层)									
创建阶段		设计阶段									
创建单位		设计单位									
更新单位		施工单位、运维单位									
版本号		V*_*									
序号	数据分组	数据名称	字段名称	数据值	单位	数据类型	约束	P	D	C	M
1	楼层标识	楼层名称	floor_name	—	NA	文本型	M	-	N	I	R
2		楼层编码	floor_code	—	NA	字符型	M	-	N	I	R
3	楼层说明	屋顶标高	roof_level	—	m	数值型	M	-	N	R	R
4		室外地面标高	outdoor_level	—	m	数值型	M	-	N	R	R
5		楼层面积	floor_area	—	m^2	数值型	M	-	N	I	R
6		层高	floor_height	—	m	数值型	M	-	N	R	R
7		楼层用途	floor_function	—	NA	文本型	M	-	N	I	R
8		人数	capacity	—	人	数值型	M	-	N	I	R

B. 0. 4 空间数据交换模板应符合表 B. 0. 4 的相关规定。

表 B.0.4 空间数据交换模板

<table>
<tr><td colspan="2">模板名称</td><td colspan="11">某一空间数据交换模板(如某一建筑中的区域 A)</td></tr>
<tr><td colspan="2">创建阶段</td><td colspan="11">设计阶段</td></tr>
<tr><td colspan="2">创建单位</td><td colspan="11">设计单位</td></tr>
<tr><td colspan="2">更新单位</td><td colspan="11">建设单位</td></tr>
<tr><td colspan="2">版本号</td><td colspan="11">V *_*</td></tr>
<tr><td>序号</td><td>数据分组</td><td>数据名称</td><td>字段名称</td><td>数据值</td><td>单位</td><td>数据类型</td><td>约束</td><td>P</td><td>D</td><td>C</td><td>M</td></tr>
<tr><td>1</td><td rowspan="10">房间</td><td>房间名称</td><td>room_name</td><td>—</td><td>NA</td><td>文本型</td><td>M</td><td>-</td><td>N</td><td>I</td><td>R</td></tr>
<tr><td>2</td><td>房间编号</td><td>room_number</td><td>—</td><td>NA</td><td>字符型</td><td>M</td><td>-</td><td>N</td><td>R</td><td>R</td></tr>
<tr><td>3</td><td>房间功能</td><td>room_function</td><td>—</td><td>NA</td><td>文本型</td><td>M</td><td>-</td><td>N</td><td>I</td><td>R</td></tr>
<tr><td>4</td><td>所属楼层</td><td>floor_belonging</td><td>—</td><td>NA</td><td>数值型</td><td>M</td><td>-</td><td>N</td><td>I</td><td>R</td></tr>
<tr><td>5</td><td>建筑面积</td><td>building_area</td><td>—</td><td>m^2</td><td>数值型</td><td>M</td><td>-</td><td>N</td><td>R</td><td>R</td></tr>
<tr><td>6</td><td>房间层高</td><td>room_level</td><td>—</td><td>m</td><td>数值型</td><td>M</td><td>-</td><td>N</td><td>I</td><td>R</td></tr>
<tr><td>7</td><td>房间描述</td><td>room_description</td><td>—</td><td>NA</td><td>文本型</td><td>O</td><td>-</td><td>N</td><td>I</td><td>R</td></tr>
<tr><td>8</td><td>房间净高</td><td>room_height</td><td>—</td><td>m</td><td>数值型</td><td>M</td><td>-</td><td>N</td><td>R</td><td>R</td></tr>
<tr><td>9</td><td>房间净面积</td><td>net_room_area</td><td>—</td><td>m^2</td><td>数值型</td><td>M</td><td>-</td><td>N</td><td>R</td><td>R</td></tr>
<tr><td>10</td><td>容纳人数</td><td>capacity</td><td>—</td><td>NA</td><td>数值型</td><td>M</td><td>-</td><td>N</td><td>I</td><td>R</td></tr>
</table>

续表B. 0. 4

序号	数据分组	数据名称	字段名称	数据值	单位	数据类型	约束	P	D	C	M
11	区域	区域名称	area_name	—	NA	文本型	M	-	N	I	R
12		区域编号	area_number	—	NA	字符型	M	-	N	I	R
13		区域类型	area_type	—	NA	文本型	M	-	N	I	R
14		区域功能	area_function	—	NA	文本型	M	-	N	I	R
15		区域建筑面积	region_area	—	m^2	数值型	M	-	N	I	R
16		区域净面积	net_region_area	—	m^2	数值型	M	-	N	R	R
17		区域描述	region_description	—	NA	文本型	O	-	N	R	R
18		所属楼层	floor_belonging	—	NA	数值型	M	-	N	I	R
19		容纳人数	capacity	—	人	数值型	M	-	N	I	R
20	区域组合	区域组合名称	area_combination_name	—	NA	文本型	M	-	N	I	R
21		区域组合编号	area_combination_num	—	NA	字符型	M	-	N	I	R
22		区域组合类型	area_combination_type	—	NA	文本型	M	-	N	I	R
23		区域组合面积	combination_area	—	m^2	数值型	M	-	N	R	R
24		区域组合功能	area_combination_function	—	NA	文本型	M	-	N	I	R
25		净面积	net_area	—	m^2	数值型	M	-	N	R	R
26		所属楼层	floor_belonging	—	NA	数值型	M	-	N	I	R
27		容纳人数	capacity	—	人	数值型	M	-	N	I	R

B. 0. 5 系统数据交换模板应符合表 B. 0. 5-1～表 B. 0. 5-5 的相关规定。

表 B. 0. 5-1 给水排水系统数据交换模板

序号	数据分组	数据名称	字段名称	数据值	单位	数据类型	约束	P	D	C	M
模板名称		某一给水排水系统数据交换模板(如生活给水系统)									
创建阶段		设计阶段									
创建单位		设计单位									
更新单位		建设单位、运维单位									
版本号		V*_*									
1	身份标识	系统名称	system_name	—	NA	文本型	M	-	N	I	I
2		系统分类	system_type	—	NA	文本型	M	-	N	I	I
3		系统编码	system_code	—	NA	字符型	O	-	N	I	I
4		功能说明	function_description	—	NA	文本型	M	-	N	I	I
5		设计依据	design_ref	—	NA	文本型	O	-	N	I	I
6	定位信息	所属项目	project_belonging	—	NA	文本型	M	-	N	I	I
7		所属单体	unit_belonging	—	NA	文本型	M	-	N	I	I
8		所属楼层	unit_belonging	—	NA	文本型	M	-	N	I	I
9		所属空间	space_belonging	—	NA	文本型	O	-	N	I	I

续表B. 0. 5-1

序号	数据分组	数据名称	字段名称	数据值	单位	数据类型	约束	P	D	C	M
10	设计参数	压力	pressure	—	MPa	数值型	M	-	N	I	I
11		流量	flow	—	L/s	数值型	M	-	N	I	I
12		扬程	lift	—	m	数值型	M	-	N	I	I
13		功率	power	—	kW	数值型	M	-	N	I	I
14		水量	water_volume	—	m^3	数值型	M	-	N	I	I
15		消防用水量	fire_water_consumption	—	m^3	数值型	M	-	N	I	I
16		用水定额	water_quota	—	L/(人·d)	数值型	M	-	N	I	I
17		使用人数	users_number	—	NA	数值型	M	-	N	I	I
18		使用时间	usage_time	—	h	数值型	M	-	N	I	I
19		设计重现期	recurrence_interval	—	年	数值型	M	-	N	I	I
20		温度	temperature	—	℃	数值型	M	-	N	I	I
21		耗热量	heat_consumption	—	kW	数值型	M	-	N	I	I
22		喷水强度	water_spray_strength	—	L/(min·m^2)	数值型	M	-	N	I	I
23		作用面积	operation_area	—	m^2	数值型	M	-	N	I	I
24		持续喷水时间	ontinuous_spray_time	—	h	数值型	M	-	N	I	I
25		设置部位	location	—	NA	文本型	M	-	N	I	I

续表B. 0. 5-1

序号	数据分组	数据名称	字段名称	数据值	单位	数据类型	约束	P	D	C	M
26	设计参数	系统控制	system_control	—	NA	文本型	M	-	N	I	I
27		卫生器具	fixture	—	NA	文本型	M	-	N	I	I
28		材质	material	—	NA	字符型	M	-	N	I	I
29		连接方式	connection_method	—	NA	文本型	M	-	N	I	I
30		管道敷设	pipe_laying	—	NA	文本型	M	-	-	N	I
31		管道试压	pipeline_pressure_test	—	NA	文本型	M	-	-	N	I
32		管道及设备保温	pipeline_insulation	—	NA	文本型	M	-	N	I	I
33		管道冲洗与消毒	pipeline_flushing_and_disinfection	—	NA	文本型	M	-	N	I	I
34		特殊要求	special_requirements	—	NA	文本型	M	-	N	I	I
35		系统供水方式	system_water_supply_method	—	NA	文本型	M	-	N	I	I
36		热源供应方式	heat_source_supply_method	—	NA	文本型	M	-	N	I	I
37		消防供水方式	fire_water_supply_method	—	NA	文本型	M	-	N	I	I
38		排水方式	drainage_method	—	NA	文本型	M	-	N	I	I
39		污废水排水量	waste_water_discharge_volume	—	m^3	文本型	M	-	N	I	I
40		雨水量	rainwater_volume	—	m^3	数值型	M	-	N	I	I

表 B.0.5-2　暖通空调系统数据交换模板

模板名称		某一暖通空调系统数据交换模板(如机械排风系统)									
创建阶段		设计阶段									
创建单位		设计单位									
更新单位		建设单位、运维单位									
版本号		V*_*									
序号	数据分组	数据名称	字段名称	数据值	单位	数据类型	约束	P	D	C	M
1	身份标识	系统名称	system_name	—	NA	文本型	M	-	N	R	R
2		系统分类	system_type	—	NA	文本型	M	-	N	R	R
3		系统编码	system_code	—	NA	字符型	O	-	N	R	R
4		功能说明	function_description	—	NA	文本型	M	-	N	R	R
5		设计依据	design_ref	—	NA	文本型	O	-	N	R	R
6	定位信息	所属项目	project_belonging	—	NA	文本型	M	-	N	R	R
7		所属单体	unit_belonging	—	NA	文本型	M	-	N	R	R
8		所属楼层	unit_belonging	—	NA	文本型	M	-	N	R	R
9		所属空间	space_belonging	—	NA	文本型	O	-	N	R	R
10	设计参数	设计压力	design_pressure	—	Pa	数值型	M	-	N	I	I
11		设计风量	design_air_volume	—	m^3/s	数值型	M	-	N	I	I

续表B. 0. 5-2

序号	数据分组	数据名称	字段名称	数据值	单位	数据类型	约束	P	D	C	M
12	设计参数	设计冷负荷	design_cooling_load	—	kW	数值型	M	-	N	I	I
13		设计热负荷	design_heat_load	—	kW	数值型	M	-	N	I	I
14		冷冻水供水温度	chilledwater_ supply_temperature	—	℃	数值型	M	-	N	I	I
15		冷冻水回水温度	chilledwater_ return_temperature	—	℃	数值型	M	-	N	I	I
16		冷却水供水温度	coolingwater_ supply_temperature	—	℃	数值型	M	-	N	I	I
17		冷却水回水温度	coolingwater_ return_temperature	—	℃	数值型	M	-	N	I	I
18		热水供水温度	heating_water_ supply_temperature	—	℃	数值型	M	-	N	I	I
19		热水回水温度	heating_water_ return_temperature	—	℃	数值型	M	-	N	I	I

表 B. 0. 5-3　电气系统数据交换模板

模板名称	某一电气系统数据交换模板(如电气照明系统)
创建阶段	设计阶段

续表B. 0. 5-3

<table>
<tr><td colspan="2">创建单位</td><td colspan="10">设计单位</td></tr>
<tr><td colspan="2">更新单位</td><td colspan="10">建设单位、运维单位</td></tr>
<tr><td colspan="2">版本号</td><td colspan="10">V*_*</td></tr>
<tr><td>序号</td><td>数据分组</td><td>数据名称</td><td>字段名称</td><td>数据值</td><td>单位</td><td>数据类型</td><td>约束</td><td>P</td><td>D</td><td>C</td><td>M</td></tr>
<tr><td>1</td><td rowspan="5">身份标识</td><td>系统名称</td><td>system_name</td><td>—</td><td>NA</td><td>文本型</td><td>M</td><td>-</td><td>N</td><td>R</td><td>R</td></tr>
<tr><td>2</td><td>系统分类</td><td>system_type</td><td>—</td><td>NA</td><td>文本型</td><td>M</td><td>-</td><td>N</td><td>R</td><td>R</td></tr>
<tr><td>3</td><td>系统编码</td><td>system_code</td><td>—</td><td>NA</td><td>字符型</td><td>O</td><td>-</td><td>N</td><td>R</td><td>R</td></tr>
<tr><td>4</td><td>功能说明</td><td>function_description</td><td>—</td><td>NA</td><td>文本型</td><td>M</td><td>-</td><td>N</td><td>R</td><td>R</td></tr>
<tr><td>5</td><td>设计依据</td><td>design_ref</td><td>—</td><td>NA</td><td>文本型</td><td>O</td><td>-</td><td>N</td><td>R</td><td>R</td></tr>
<tr><td>6</td><td rowspan="4">定位信息</td><td>所属项目</td><td>project_belonging</td><td>—</td><td>NA</td><td>文本型</td><td>M</td><td>-</td><td>N</td><td>R</td><td>R</td></tr>
<tr><td>7</td><td>所属单体</td><td>unit_belonging</td><td>—</td><td>NA</td><td>文本型</td><td>M</td><td>-</td><td>N</td><td>R</td><td>R</td></tr>
<tr><td>8</td><td>所属楼层</td><td>unit_belonging</td><td>—</td><td>NA</td><td>文本型</td><td>M</td><td>-</td><td>N</td><td>R</td><td>R</td></tr>
<tr><td>9</td><td>所属空间</td><td>space_belonging</td><td>—</td><td>NA</td><td>文本型</td><td>O</td><td>-</td><td>N</td><td>R</td><td>R</td></tr>
<tr><td>10</td><td rowspan="4">设计参数</td><td>负荷等级</td><td>load_level</td><td>—</td><td>NA</td><td>文本型</td><td>M</td><td>-</td><td>N</td><td>I</td><td>I</td></tr>
<tr><td>11</td><td>负荷容量</td><td>load_capacity</td><td>—</td><td>kW</td><td>数值型</td><td>M</td><td>-</td><td>N</td><td>I</td><td>I</td></tr>
<tr><td>12</td><td>回路数</td><td>loops_number</td><td>—</td><td>NA</td><td>数值型</td><td>M</td><td>-</td><td>N</td><td>I</td><td>I</td></tr>
<tr><td>13</td><td>敷设方式</td><td>laying_method</td><td>—</td><td>NA</td><td>文本型</td><td>M</td><td>-</td><td>N</td><td>R</td><td>I</td></tr>
</table>

续表B. 0. 5-3

序号	数据分组	数据名称	字段名称	数据值	单位	数据类型	约束	P	D	C	M
14	设计参数	启动、控制方式	start_control_method	—	NA	文本型	M	-	N	R	I
15		位置	position	—	NA	文本型	M	-	N	R	I
16		数量	number	—	个	数值型	M	-	N	R	I
17		型号	type	—	NA	字符型	M	-	N	R	I
18		负载率	load_rate	—	%	数值型	M	-	N	R	I
19		材质	material	—	NA	文本型	M	-	N	R	I
20		安装方式	installation_method	—	NA	文本型	M	-	N	R	I
21		种类	variety	—	NA	文本型	M	-	N	R	I
22		照度指标值	illuminance_index_value	—	lx	数值型	M	-	N	I	I
23		功率密度值	LPD	—	W/m^2	数值型	M	-	N	R	I
24		电压等级	voltage_level	—	V	数值型	M	-	N	I	I
25		配电箱容量	distribution_box_capacity	—	kW	数值型	M	-	N	I	I
26		应急照明照度值	emergency_lighting_illuminance_value	—	lx	数值型	M	-	N	I	I
27		应急照明电源形式	emergency_lighting_power_supply_form	—	NA	文本型	M	-	N	I	I
28		应急照明持续时间	emergency_lighting_duration	—	h	数值型	M	-	N	I	I

续表B. 0. 5-3

序号	数据分组	数据名称	字段名称	数据值	单位	数据类型	约束	P	D	C	M
29	设计参数	应急照明灯具配置	emergency_lighting_fixture	—	NA	文本型	M	-	N	R	I
30		防雷类别	lightning_protection category	—	NA	文本型	M	-	N	I	I
31		雷电防护等级	lightning_protection_level	—	NA	数值型	M	-	N	I	I
32		接地措施	grounding_measures	—	NA	文本型	M	-	N	I	I
33		主机房、控制室位置	control_room_location	—	NA	文本型	M	-	N	R	I
34		机房要求	machine_room_requirements	—	NA	文本型	M	-	N	I	I
35		布线方案	wiring_scheme	—	NA	文本型	M	-	N	R	I
36		系统点位配置标准	system_point_configuration_standard	—	NA	文本型	M	-	N	I	I
37		监控点	control_point	—	NA	文本型	M	-	N	R	R
38		参数	parameter	—	NA	字符型	M	-	N	R	I
39		线缆	cable	—	NA	文本型	M	-	N	I	I
40		敷设要求	laying_requirements	—	NA	文本型	M	-	N	R	I
41		控制方式	control_method	—	NA	文本型	M	-	N	R	I
42		传输方式	transfer_method	—	NA	文本型	M	-	N	R	I

表 B.0.5-4 智能化系统数据交换模板

模板名称	某一智能化系统数据交换模板(如广播系统)										
创建阶段	设计阶段										
创建单位	设计单位										
更新单位	建设单位、运维单位										
版本号	V *_*										
序号	数据分组	数据名称	字段名称	数据值	单位	数据类型	约束	P	D	C	M
1	身份标识	系统名称	system_name	—	NA	文本型	M	-	N	R	R
2		系统分类	system_type	—	NA	文本型	M	-	N	R	R
3		系统编码	system_code	—	NA	字符型	O	-	N	R	R
4		功能说明	function_description	—	NA	文本型	M	-	N	R	R
5		设计依据	design_ref	—	NA	文本型	O	-	N	R	R
6	定位信息	所属项目	project_belonging	—	NA	文本型	M	-	N	R	R
7		所属单体	unit_belonging	—	NA	文本型	M	-	N	R	R
8		所属楼层	unit_belonging	—	NA	文本型	M	-	N	R	R
9		所属空间	space_belonging	—	NA	文本型	O	-	N	R	R
10	设计参数	系统组成	system_composition	—	NA	文本型	M	-	N	I	I
11		系统结构	system_structure	—	NA	文本型	M	-	N	I	I

续表B. 0. 5-4

序号	数据分组	数据名称	字段名称	数据值	单位	数据类型	约束	P	D	C	M
12	设计参数	系统主机房位置	control_room_location	—	NA	文本型	M	-	N	R	I
13		系统建设点位配置标准	system_construction_point_configuration_standard	—	NA	文本型	M	-	N	R	I
14		系统接口形式	system_interface_form	—	NA	文本型	M	-	N	R	I
15		系统通信协议	system_communication_protocol	—	NA	文本型	M	-	N	R	I
16		系统线缆选择	system_cable_selection	—	NA	文本型	M	-	N	R	I
17		系统线缆敷设	system_cable_laying	—	NA	文本型	M	-	N	R	I
18		电话交换机容量	telephone_exchange_capacity	—	门	数值型	M	-	N	R	I
19		网络交换机类型	network_switch_type	—	NA	文本型	M	-	N	R	I
20		网络交换机数量	network_switch_num	—	NA	数值型	M	-	N	R	I
21		卫星电视接收天线数量	TV_satellite_receiving_antennas	—	NA	文本型	M	-	N	R	I
22		电视接收卫星名称	TV_satellite_name	—	NA	文本型	M	-	N	R	I
23		有线电视系统图像清晰度	CATV_system_image_clarity	—	NA	字符型	M	-	N	R	I

续表B. 0. 5-4

序号	数据分组	数据名称	字段名称	数据值	单位	数据类型	约束	P	D	C	M
24	设计参数	公共广播声压级	public_broadcasting_sound_pressure_level	—	dB	数值型	M	-	N	R	I
25		信息发布屏类型	information_release_screen_type	—	NA	文本型	M	-	N	R	I
26		智能卡卡片类型	smartcard_type	—	NA	文本型	M	-	N	R	I
27		建筑设备管理系统监测点类型和数量	BMS_type_num	—	NA	文本型	M	-	N	R	I
28		安全技术防范系统设计风险等级	SPS_design_risk_level	—	NA	文本型	M	-	N	R	I
29		视频监视系统电视墙电视规格和数量	CCTV_videowall_specifications_quantity	—	NA	文本型	M	-	N	R	I
30		视频安防监控系统图像存储时间	VSCS_image_storage_time	—	h	数值型	M	-	N	R	I
31		视频安防监控系统图像存储容量	VSCS_image_storage_capacity	—	GB	数值型	M	-	N	R	I
32		电话交换机中继线数量	telephone_switchtruck_num	—	门	数值型	M	-	N	R	I

表 B. 0. 5-5 动力系统数据交换模板

模板名称		某一动力系统数据交换模板(如热水系统)									
创建阶段		设计阶段									
创建单位		设计单位									
更新单位		建设单位、运维单位									
版本号		V*_*									
序号	数据分组	数据名称	字段名称	数据值	单位	数据类型	约束	P	D	C	M
1	身份标识	系统名称	system_name	—	NA	文本型	M	-	N	I	I
2		系统分类	system_type	—	NA	文本型	M	-	N	I	I
3		系统编码	system_code	—	NA	字符型	O	-	N	R	R
4		功能说明	function_description	—	NA	文本型	M	-	N	R	R
5		设计依据	design_ref	—	NA	文本型	O	-	N	I	I
6	定位信息	所属项目	project_belonging	—	NA	文本型	M	-	N	I	I
7		所属单体	unit_belonging	—	NA	文本型	M	-	N	I	I
8		所属楼层	unit_belonging	—	NA	文本型	M	-	N	I	I
9		所属空间	space_belonging	—	NA	文本型	O	-	N	I	I
10	设计参数	机房面积	machine_room_area	—	m^2	数值型	M	-	N	R	I
11		供热量	heat_supply	—	kW·h	数值型	M	-	N	R	I

续表B. 0. 5-5

序号	数据分组	数据名称	字段名称	数据值	单位	数据类型	约束	P	D	C	M
12	设计参数	供汽量	steam_supply	—	m^3/h	数值型	M	-	N	R	I
13		燃料消耗量	fuel_consumption	—	L/h	数值型	M	-	N	R	I
14		燃料供应范围	fuel_supply_range	—	NA	数值型	M	-	N	R	I
15		炉渣排放量	slag_emission	—	m^3/h	数值型	M	-	N	R	I
16		软化水消耗量	soft_water_consumption	—	m^3/h	数值型	M	-	N	R	I
17		自来水消耗量	tap_water_consumption	—	m^3/h	数值型	M	-	N	R	I
18		电容量	electricity	—	kW	数值型	M	-	N	R	I
19		用户负荷表	user_load_table	—	kW	数值型	M	-	N	R	I
20		供热介质	heating_medium	—	NA	文本型	M	-	N	R	I
21		供热参数	heating_parameter	—	NA	文本型	M	-	N	R	I
22		锅炉形式	boiler_form	—	NA	文本型	M	-	N	R	I
23		锅炉规格	boiler_specification	—	NA	文本型	M	-	N	R	I
24		锅炉台数	boiler_num	—	台	数值型	M	-	N	R	I
25		运行台数	operating_num	—	台	数值型	M	-	N	R	I
26		备用台数	spare_units	—	台	数值型	M	-	N	R	I
26		燃料种类	fuel_type	—	NA	文本型	M	-	N	R	I
27		燃料来源	fuel_source	—	NA	文本型	M	-	N	R	I

续表B. 0. 5-5

序号	数据分组	数据名称	字段名称	数据值	单位	数据类型	约束	P	D	C	M
28	设计参数	燃料储存场地	fuel_storage_site	—	NA	文本型	M	-	N	R	I
29		燃料运输方式	fuel_transportation_method	—	NA	文本型	M	-	N	R	I
30		热交换站换热介质	heat_exchange_medium	—	NA	文本型	M	-	N	R	I
31		热交换站参数	heat_exchange_station_parameter	—	NA	文本型	M	-	N	R	I
32		热交换站负荷	heat_exchange_station_load	—	kW	数值型	M	-	N	R	I
33		热交换站耗电输热比	heat_exchange_station_EC(H)R	—	%	数值型	M	-	N	R	I
34		热交换站配套辅助设备	heat_exchange_station_auxiliary_equipment	—	NA	文本型	M	-	N	R	I
35		柴油发电机房燃油容量	EDGR_fuel_capacity	—	m^3	数值型	M	-	N	R	I
36		柴油发电机房燃油油耗	EDGR_fuel_consumption	—	L/h	数值型	M	-	N	R	I
37		柴油发电机房储油量	EDGR_oil_storage_capacity	—	L	数值型	M	-	N	R	I
38		柴油发电机房进风、排风、排烟方式	EDGR_inlet_air_exhaust_air_and_smoke_exhaust_method	—	NA	文本型	M	-	N	R	I

续表B. 0. 5-5

序号	数据分组	数据名称	字段名称	数据值	单位	数据类型	约束	P	D	C	M
39	设计参数	气站位置	gasstation_location	—	NA	文本型	M	-	N	R	I
40		气站用气量	gasstation_gas_consumption	—	m^3/h	数值型	M	-	N	R	I
41		气站瓶组容量	gasstation_cylinders_capacity	—	m^3	数值型	M	-	N	R	I
42		气站瓶组数量	cylinders num	—	NA	文本型	M	-	N	R	I
43		气站调压器参数	gasstation_voltage_regulator_parameter	—	NA	文本型	M	-	N	R	I
43		气体用途	gas_use	—	NA	文本型	M	-	N	R	I
44		气体参数	gas_parameters	—	NA	文本型	M	-	N	R	I
45		气体用量	gas_consumption	—	m^3/h	数值型	M	-	N	R	I
46		主要设备	main_equipment	—	NA	文本型	M	-	N	R	I
47		供气系统	gas_supply_system	—	NA	文本型	M	-	N	R	I
48		管道介质负荷	pipeline_media_load	—	NA	文本型	M	-	N	R	I
49		管道介质参数	pipeline_media_parameters	—	NA	文本型	M	-	N	R	I
50		管道敷设方式	pipeline_laying_method	—	NA	文本型	M	-	N	R	I

续表B. 0. 5-5

序号	数据分组	数据名称	字段名称	数据值	单位	数据类型	约束	P	D	C	M
51	设计参数	管道保温及保护材料	pipeline_protection_materials	—	NA	文本型	M	-	N	R	I
52		管道防腐方式	pipeline_anticorrosion_method	—	NA	文本型	M	-	N	R	I
53		管材	pipe_material	—	NA	文本型	M*	-	N	I	I
54		储油方式	oil_storage_mode	—	NA	文本型	M*	-	N	I	I
55		储油时间	oil_storage_time	—	d	数值型	M*	-	N	I	I
56		冷却方式	mode_of_cooling	—	NA	文本型	M*	-	N	I	I
57		冷却水储量	cooling_water_storage	—	m^3	数值型	M*	-	N	I	I

B. 0. 6 构件数据交换模板应符合表 B. 0. 6 的相关规定。

表 B. 0. 6 构件数据交换模板

模板名称	某一构件数据交换模板(如梁、板、柱等)
创建阶段	设计阶段
创建单位	设计单位
更新单位	建设单位、运维单位
版本号	V*_*

续表B. 0. 6

序号	数据分组	数据名称	字段名称	数据值	单位	数据类型	约束	P	D	C	M
1	身份标识	构件名称	component_name	—	NA	文本型	M	-	N	R	R
2		构件类型	component_type	—	NA	文本型	O	-	N	R	R
3		构件编码	component_code	—	NA	字符型	M	-	N	R	R
4		编码标准	code_standard	—	NA	文本型	M	-	N	R	R
5	定位信息	所属项目	project_belonging	—	NA	文本型	M	-	N	I	I
6		所属单体	unit_belonging	—	NA	文本型	M	-	N	I	I
7		所属楼层	floor_belonging	—	NA	文本型	O	-	N	I	I
8		所属空间	space_belonging	—	NA	文本型	O	-	N	I	I
9		所属系统	system_belonging	—	NA	文本型	O	-	N	I	I
10	设计参数	长度	length	—	m	数值型	M	-	N	I	I
11		宽度	width	—	m	数值型	M	-	N	I	I
12		高度	height	—	m	数值型	M	-	N	I	I
13		厚度	thickness	—	m	数值型	M	-	N	I	I
14		深度	depth	—	m	数值型	M	-	N	I	I
15		材质	material	—	NA	文本型	M	-	N	I	I
16		等级	grade	—	NA	文本型	M	-	N	I	I

续表B. 0. 6

序号	数据分组	数据名称	字段名称	数据值	单位	数据类型	约束	P	D	C	M
17	设计参数	数据 1	—	—	—	—	-	-	-	-	-
18		数据 2	—	—	—	—	-	-	-	-	-
19		数据 3	—	—	—	—	-	-	-	-	-
20		数据…	—	—	—	—	-	-	-	-	-
21	生产信息	生产厂家	manufacturer		NA	文本型	M	-	-	N	I
22		出厂编号	serial_number	—	NA	字符型	M	-	-	N	I
23		检测报告	test_report	—	—	—	-	-	-	-	-
24		数据 1	—	—	—	—	-	-	-	-	-
25		数据 2	—	—	—	—	-	-	-	-	-
26		数据 3	—	—	—	—	-	-	-	-	-
27		数据…	—	—	—	—	-	-	-	-	-
28	施工信息	施工单位	construction_company	—	NA	文本型	M	-	-	N	I
29		施工日期	construction_date	—	NA	日期型	M	-	-	N	I
29		数据 1	—	—	—	—	-	-	-	-	-
30		数据 2	—	—	—	—	-	-	-	-	-
31		数据 3	—	—	—	—	-	-	-	-	-
32		数据…	—	—	—	—	-	-	-	-	-

续表B. 0. 6

序号	数据分组	数据名称	字段名称	数据值	单位	数据类型	约束	P	D	C	M
33	运维信息	养护时间	maintenance_time	—	NA	日期型	M	-	-	N	R
34		保修期限	warranty_period	—	年	数值型	M	-	-	N	R
35		养护单位	maintenance_unit	—	NA	文本型	M	-	-	N	R
36		数据 1	—	—	—	—	-	-	-	-	-
37		数据 2	—	—	—	—	-	-	-	-	-
38		数据 3	—	—	—	—	-	-	-	-	-
39		数据…	—	—	—	—	-	-	-	-	-

注：表中未列出的数据组和数据可按实际应用需求自定义补充，可参考民用建筑工程领域专项标准。

附录 C　人防工程领域数据交换模板

C.0.1　项目数据交换模板应符合表 C.0.1 的相关规定。

表 C.0.1　项目数据交换模板

<table>
<tr><td colspan="2">模板名称</td><td colspan="10">某一项目数据交换模板(如上海中心大厦)</td></tr>
<tr><td colspan="2">创建阶段</td><td colspan="10">规划阶段</td></tr>
<tr><td colspan="2">创建单位</td><td colspan="10">建设单位</td></tr>
<tr><td colspan="2">更新单位</td><td colspan="10">建设单位、运维单位</td></tr>
<tr><td colspan="2">版本号</td><td colspan="10">V *_*</td></tr>
<tr><td>序号</td><td>数据分组</td><td>数据名称</td><td>字段名称</td><td>数据值</td><td>单位</td><td>数据类型</td><td>约束</td><td>P</td><td>D</td><td>C</td><td>M</td></tr>
<tr><td>1</td><td rowspan="3">建设说明</td><td>人防批文编号</td><td>CCAD_approval_number</td><td>—</td><td>NA</td><td>字符型</td><td>M</td><td>N</td><td>I</td><td>I</td><td>I</td></tr>
<tr><td>2</td><td>平时功能</td><td>peacetime_function</td><td>—</td><td>NA</td><td>文本型</td><td>M</td><td>N</td><td>I</td><td>I</td><td>I</td></tr>
<tr><td>3</td><td>战时功能</td><td>wartime_function</td><td>—</td><td>NA</td><td>文本型</td><td>M</td><td>N</td><td>I</td><td>I</td><td>I</td></tr>
<tr><td>4</td><td>建筑类别或等级</td><td>人防等级</td><td>CCAD_level</td><td>—</td><td>NA</td><td>字符型</td><td>M</td><td>N</td><td>I</td><td>I</td><td>-</td></tr>
</table>

续表C.0.1

序号	数据分组	数据名称	字段名称	数据值	单位	数据类型	约束	P	D	C	M
5	技术经济指标	人防面积	civil_air_defense_area	—	m^2	数值型	M	-	N	R	I
6		地上建筑面积	above_ground_area	—	m^2	数值型	M	N	R	R	I
7		地下建筑面积	underground_area	—	m^2	数值型	M	N	R	R	I

C.0.2 空间数据交换模板应符合表C.0.2的相关规定。

表C.0.2 空间数据交换模板

模板名称		某一空间数据交换模板(如某一建筑中的区域A)									
创建阶段		设计阶段									
创建单位		设计单位									
更新单位		建设单位									
版本号		V*_*									
序号	数据分组	数据名称	字段名称	数据值	单位	数据类型	约束	P	D	C	M
1	人防区域	建筑面积	building_area	—	m^2	数值型	M	-	N	I	I
2		防护面积	protective_area	—	m^2	数值型	M	-	N	I	I
3		人防区掩蔽面积	sheltering_area	—	m^2	数值型	M	-	N	I	I
4		地下室总层数	total_basement_floor	—	NA	数值型	M	-	N	I	I
5		人防所在层数	floor_belonging	—	NA	数值型	M	-	N	I	I

续表C.0.2

序号	数据分组	数据名称	字段名称	数据值	单位	数据类型	约束	P	D	C	M
6	人防区域	防护类别	protection_category	—	NA	文本型	M	-	N	I	I
7		抗力级别	resistance_level	—	NA	文本型	M	-	N	I	I
8		平时功能	peacetime_function	—	NA	文本型	M	-	N	I	I
9		战时用途	wartime_function	—	NA	文本型	M	-	N	I	I
10		防化级别	NBC_protection_rank	—	NA	文本型	M	-	N	I	I
11		民防掩蔽人数	sheltering_number	—	人	数值型	M	-	N	I	I
12		主口数量	main_entrance_number	—	个	文本型	M	-	N	I	I
13		采用防倒塌棚架主口数量	collapse-proof_shed_number	—	个	数值型	M	-	N	I	I
14		人防地下室层高	basement_floor_height	—	m	数值型	M	-	N	I	I
15		人防电站数量（移动、固定）	power_station	—	个	数值型	M	-	N	I	I
16	人防防护单元	防护单元名称	area_name	—	NA	文本型	M	-	N	I	I
17		战时功能	wartime_function	—	NA	文本型	M	-	N	I	I

注:若该空间中包括人防区域,人防区域应填写。

C.0.3 系统数据交换模板应符合表 C.0.3-1～表 C.0.3-3 的相关规定。

表 C.0.3-1 给水排水系统数据交换模板

模板名称		某一给水排水系统数据交换模板(如生活给水系统)									
创建阶段		设计阶段									
创建单位		设计单位									
更新单位		建设单位、运维单位									
版本号		V*_*									
序号	数据分组	数据名称	字段名称	数据值	单位	数据类型	约束	P	D	C	M
1	设计参数	人防用水定额	air_defence_water_quota	—	L/(人·d)	数值型	M	-	N	I	I
2		人防使用人数	air_defence_users_number	—	NA	数值型	M	-	N	I	I
3		人防储水时间	storage_time	—	天	数值型	M	-	N	I	I
4		洗消方式	washing_method	—	NA	文本型	M	-	N	I	I
5		洗消水量	washing_amount	—	m^3	数值型	M	-	N	I	I
6		转换要求	conversion_requirements	—	NA	文本型	M	-	N	I	I

表 C. 0. 3-2　暖通空调系统数据交换模板

模板名称		某一暖通空调系统数据交换模板(如机械排风系统)									
创建阶段		设计阶段									
创建单位		设计单位									
更新单位		建设单位、运维单位									
版本号		V *_*									
序号	数据分组	数据名称	字段名称	数据值	单位	数据类型	约束	P	D	C	M
1	设计参数	换气次数	air_exchange_rate	—	次	数值型	M	-	N	R	I
2		保温说明	insulation_instruction	—	NA	文本型	M	-	N	R	I
3		系统控制	system_control	—	NA	文本型	M	-	N	R	I
4		特殊要求	special_requirement	—	NA	文本型	M	-	N	R	R
5		室外空气设计参数	outdoor_air_design_parameter	—	NA	字符型	M	-	N	I	I
6		室内设计参数	interior_design_parameters	—	NA	字符型	M	-	N	I	I
7		设计人数	people_num	—	人	数值型	M	-	N	I	I
8		设计用电功率	design_electric_power	—	kW	字符型	M	-	N	I	I
9		连接方式	connection_method	—	NA	文本型	M	-	N	R	I

续表C. 0. 3-2

序号	数据分组	数据名称	字段名称	数据值	单位	数据类型	约束	P	D	C	M
10	设计参数	供暖通风与空气调节系统形式	heating_ventilation_and_air_conditioning_system_form	—	NA	文本型	M	-	N	R	I
11		防护等级	protection_ranking	—	NA	文本型	M	-	N	I	I
12		战时通风系统方式	wartime_ventilation_system_form	—	NA	文本型	M	-	N	I	I
13		掩蔽人数	sheltering_people_num	—	人	数值型	M	-	N	I	I
14		设计超压压力	design_over_pressure	—	Pa	数值型	M	-	N	I	I
15		清洁通风风量	clean_ventilation_volume	—	m^3/h	数值型	M	-	N	I	I
16		滤毒通风风量	gas_filtration_ventilation_volume	—	m^3/h	数值型	M	-	N	I	I
17		内循环通风风量	interior_cycled_ventilation_volume	—	m^3/h	数值型	M	-	N	I	I
18		隔绝防护时间	isolated_type_protection_time	—	h	数值型	M	-	N	I	I
19		转换要求	conversion_requirements	—	NA	文本型	M	-	N	I	I

表 C.0.3-3　动力系统数据交换模板

模板名称		某一动力系统数据交换模板(如热水系统)									
创建阶段		设计阶段									
创建单位		设计单位									
更新单位		建设单位、运维单位									
版本号		V *_*									
序号	数据分组	数据名称	字段名称	数据值	单位	数据类型	约束	P	D	C	M
1	设计参数	管材	pipe_material	—	NA	文本型	M *	-	N	I	I
2		储油方式	oil_storage_mode	—	NA	文本型	M *	-	N	I	I
3		储油时间	oil_storage_time	—	天	数值型	M *	-	N	I	I
4		冷却方式	mode_of_cooling	—	NA	文本型	M *	-	N	I	I
5		冷却水储量	cooling_water_storage	—	m^3	数值型	M *	-	N	I	I

C.0.4　构件数据交换模板应符合表 C.0.4 的相关规定。

表 C.0.4　构件数据交换模板

模板名称	某一构件数据交换模板(如梁、板、柱等)
创建阶段	设计阶段
创建单位	设计单位

续表C.0.4

更新单位		建设单位、运维单位									
版本号		V*_*									
序号	数据分组	数据名称	字段名称	数据值	单位	数据类型	约束	P	D	C	M
1	平战转换要求	转换要求	conversion_requirements	—	NA	文本型	M	-	N	I	I
2		转换时间	conversion_time	—	NA	数值型	M	-	N	I	I
3		转换人员	conversion_personnel	—	NA	文本型	M	-	-	-	N

注:表中未列出的数据组和数据可按实际应用需求自定义补充,可参考人防工程领域专项标准。

附录 D　市政道路桥梁领域交换模板

D. 0. 1　项目数据交换模板应符合表 D. 0. 1 的相关规定。

表 D. 0. 1　项目数据交换模板

模板名称		某一项目数据交换模板										
创建阶段		规划阶段										
创建单位		建设单位										
更新单位		建设单位、运维单位										
版本号		V*_*										
序号	数据分组	数据名称	字段名称	数据值	单位	数据类型	约束	P	D	C	M
1	项目标识	项目名称	project_name	—	NA	文本型	M	N	I	I	R
2		项目编码	project_code	—	NA	字符型	M	N	I	I	-
3		项目简称	project_abbreviation	—	NA	文本型	O	N	I	I	R
4	建设说明	建设地点	project_address	—	NA	文本型	M	N	I	I	-
5		自然条件	natural_condition	—	NA	文本型	O	N	I	I	-

续表D. 0. 1

序号	数据分组	数据名称	字段名称	数据值	单位	数据类型	约束	P	D	C	M
6	建设说明	地形地貌	topography	—	NA	文本型	O	N	I	I	-
7		建设依据	construction_ref	—	NA	文本型	M	N	I	I	-
8		采用坐标体系	coordinate_system	—	NA	文本型	O	N	I	I	-
9		立项批文编号	approval_number	—	NA	字符型	M	N	I	I	-
10		立项方式	initiation_method	—	NA	文本型	M	N	I	I	-
11	道路等级	道路等级	road_grade	—	NA	文本型	M	N	I	I	-
12	桥梁类别	桥梁类别	bridge_type	—	NA	文本型	M	N	I	I	-
13	技术经济指标	总投资额	investment_sum	—	万元	数值型	M	N	R	R	I
14		设计车速	design_speed	—	km/h	数值型	M	N	R	R	I
15		标准车道宽度	standard_width	—	m	数值型	M	N	R	R	I
16		车道数	lane_number	—	NA	数值型	M	N	R	R	I
17		设计使用年限	design_life	—	年	数值型	M	N	R	R	I
18		标准轴载	axle_load	—	NA	文本型	M	N	R	R	I
19	参与方信息	建设单位名称	owner_name	—	NA	文本型	M	N	I	I	-
20		建设单位性质	owner_nature	—	NA	文本型	M	N	I	I	-

D.0.2 标段数据交换模板应符合表 D.0.2 的相关规定。

表 D.0.2 标段数据交换模板

模板名称		某一标段数据交换模板									
创建阶段		规划阶段									
创建单位		建设单位									
更新单位		建设单位、运维单位									
版本号		V *_*									
序号	数据分组	数据名称	字段名称	数据值	单位	数据类型	约束	P	D	C	M
1	标段标识	标段名称	section_name	—	NA	文本型	M	N	I	I	R
2		标段编码	section_num	—	NA	字符型	M	N	I	I	-
3		标段简称	section_abbreviation	—	NA	文本型	M	N	I	I	R
4		起始桩号	start_station	—	NA	字符型	M	N	I	I	R
5		结束桩号	end_station	—	NA	字符型	M	N	I	I	R
6	建设说明	开工日期	start_date	—	NA	日期型	O	-	-	N	-
7		竣工日期	completion_date	—	NA	日期型	O	-	-	N	-
8		合同工期	contract_duration	—	NA	数值型	O	-	-	N	-
9		实际开工日期	actual_start_date	—	NA	日期型	O	-	-	N	-
10		实际竣工日期	actual_completion_date	—	NA	日期型	O	-	-	N	-
11		基点坐标	basepoint_coordinates	—	NA	字符型	O	-	N	I	-

续表D. 0. 2

序号	数据分组	数据名称	字段名称	数据值	单位	数据类型	约束	P	D	C	M
12	技术经济指标	设计车速	design_speed	—	km/h	数值型	M	N	R	R	I
13		标准车道宽度	standard_width	—	m	数值型	M	N	R	R	I
14		车道数	lane_number	—	NA	数值型	M	N	R	R	I
15		设计使用年限	design_life	—	年	数值型	M	N	R	R	I
16		标准轴载	axle_load	—	NA	文本型	M	N	R	R	I
17	参与方信息	设计单位名称	design_name	—	NA	文本型	M	-	N	R	I
18		施工单位名称	construction_name	—	NA	文本型	M	-	-	N	I
19		监理单位名称	supervision_name	—	NA	文本型	M	-	-	N	I

D. 0. 3 道路路线数据交换模板应符合表 D. 0. 3 的相关规定。

表 D. 0. 3 道路路线数据交换模板

模板名称	某一道路路线数据交换模板
创建阶段	设计阶段
创建单位	设计单位
更新单位	建设单位
版本号	V *_*

续表D.0.3

序号	数据分组	数据名称	字段名称	数据值	单位	数据类型	约束	P	D	C	M
1	平面	平曲线表	horizontal_curve	—	NA	文本型	M	-	N	I	I
2	纵断面	纵曲线表	vertical_curve	—	NA	文本型	M	-	N	I	I
3	横断面	横断面类型	cross_type	—	NA	文本型	M	-	N	I	I
4		起始桩号	start_station	—	NA	字符型	M	-	N	I	I
5		结束桩号	end_station	—	NA	字符型	M	-	N	I	I
6		路段类型	section_type	—	NA	文本型	M	-	N	I	I
7		断面规模	cross_scale	—	NA	文本型	M	-	N	I	I
8		宽度组成	width_composition	—	NA	文本型	M	-	N	I	I

D.0.4 道路路面数据交换模板应符合表 D.0.4 的相关规定。

表 D.0.4 道路路面数据交换模板

模板名称	某一道路路面数据交换模板
创建阶段	设计阶段
创建单位	设计单位
更新单位	建设单位、运维单位
版本号	V *_*

续表D. 0. 4

序号	数据分组	数据名称	字段名称	数据值	单位	数据类型	约束	P	D	C	M
1	身份标识	路面类型	pavement_type	—	NA	文本型	M	-	N	I	I
2	定位信息	所属项目	project_belonging	—	NA	文本型	M	-	N	I	I
3		所属标段	section_belonging	—	NA	文本型	M	-	N	I	I
4	设计参数	面层名称	surface_name	—	NA	文本型	M	-	N	I	I
5		面层层位	surface_position	—	NA	数值型	M	-	N	I	I
6		面层厚度	surface_thickness	—	m	数值型	M	-	N	I	I
7		面层材料	surface_material	—	NA	文本型	M	-	N	I	I
8		基层名称	base_name	—	NA	文本型	M	-	N	I	I
9		基层层位	base_position	—	NA	数值型	M	-	N	I	I
10		基层厚度	base_thickness	—	m	数值型	M	-	N	I	I
11		基层材料	base_material	—	NA	文本型	M	-	N	I	I
12		垫层名称	bed_name	—	NA	文本型	M	-	N	I	I
13		垫层层位	bed_position	—	NA	数值型	M	-	N	I	I
14		垫层厚度	bed_thickness	—	m	数值型	M	-	N	I	I
15		垫层材料	bed_material	—	NA	文本型	M	-	N	I	I
16	施工信息	施工单位	construction_company	—	NA	文本型	M	-	-	N	I
17		施工日期	construction_date	—	NA	日期型	M	-	-	N	I

续表D.0.4

序号	数据分组	数据名称	字段名称	数据值	单位	数据类型	约束	P	D	C	M
18	运维信息	养护时间	maintenance_time	—	NA	日期型	M	-	-	N	R
19		保修期限	warranty_period	—	年	数值型	M	-	-	N	R
20		养护单位	maintenance_unit	—	NA	文本型	M	-	-	N	R

D.0.5 道路路基数据交换模板应符合表 D.0.5 的相关规定。

表 D.0.5 道路路基数据交换模板

模板名称	某一道路路基数据交换模板										
创建阶段	设计阶段										
创建单位	设计单位										
更新单位	建设单位、运维单位										
版本号	V*_*										
序号	数据分组	数据名称	字段名称	数据值	单位	数据类型	约束	P	D	C	M
1	身份标识	路基类型	subgrade_type	—	NA	文本型	M	-	N	I	I
2	定位信息	所属项目	project_belonging	—	NA	文本型	M	-	N	I	I
3		所属标段	section_belonging	—	NA	文本型	M	-	N	I	I

续表D. 0. 5

序号	数据分组	数据名称	字段名称	数据值	单位	数据类型	约束	P	D	C	M
4	设计参数	最大填高	max_height	—	cm	数值	M	-	N	I	I
5		最大挖深	max_depth	—	cm	数值	M	-	N	I	I
6		土石方数量(填)	filling_quantity	—	m^3	数值	M	-	N	I	I
7		土石方数量(挖)	excavation_quantity	—	m^3	数值	M	-	N	I	I
8	施工信息	施工单位	construction_company	—	NA	文本型	M	-	-	N	I
9		施工日期	construction_date	—	NA	日期型	M	-	-	N	I
10	运维信息	养护时间	maintenance_time	—	NA	日期型	M	-	-	N	R
11		保修期限	warranty_period	—	年	数值型	M	-	-	N	R
12		养护单位	maintenance_unit	—	NA	文本型	M	-	-	N	R

D. 0. 6 用桥梁单体数据交换模板应符合表 D. 0. 6 的相关规定。

表 D. 0. 6 桥梁单体数据交换模板

模板名称	某一桥梁单体数据交换模板
创建阶段	设计阶段
创建单位	设计单位
更新单位	建设单位、运维单位
版本号	V*_*

续表D. 0. 6

序号	数据分组	数据名称	字段名称	数据值	单位	数据类型	约束	P	D	C	M
1	单体标识	单体名称	unit_name	—	NA	文本型	M	N	I	I	R
2		单体编号	unit_num	—	NA	字符型	M	N	I	I	-
3		单体简称	unit_abbreviation	—	NA	文本型	O	N	I	I	R
4	定位信息	所属标段	belonging_tender	—	NA	文本型	O	-	N	I	I
5		起点桩号	start_station	—	NA	字符型	M	-	N	I	I
6		终点桩号	end_station	—	NA	字符型	M	-	N	I	I
7	建设说明	开工日期	start_date	—	NA	日期型	O	-	-	N	-
8		竣工日期	completion_date	—	NA	日期型	O	-	-	N	-
9		合同工期	contract_duration	—	NA	数值型	O	-	-	N	-
10		实际开工日期	actual_start_date	—	NA	日期型	O	-	-	N	-
11		实际竣工日期	actual_completion_date	—	NA	日期型	O	-	-	N	-
12		基点坐标	basepoint_coordinates	—	NA	字符型	O	-	N	I	-
13		施工方法	construction_method	—	NA	文本型	O	-	N	R	I
14	技术经济指标	结构类型	structure_type	—	NA	文本型	M	-	N	R	I
15		上部结构形式	superstructure_type	—	NA	文本型	M	-	N	R	I
16		下部结构形式	substructure_type	—	NA	文本型	M	-	N	R	I

续表D. 0. 6

序号	数据分组	数据名称	字段名称	数据值	单位	数据类型	约束	P	D	C	M
17	技术经济指标	结构类型	structure_type	—	NA	文本型	M	-	N	R	I
18		跨径组合	span_combination	—	NA	字符型	M	-	N	R	I
19		全长	total_length	—	m	数值型	M	-	N	R	I
20		梁高	beam_depth	—	m	数值型	M	-	N	R	I
21		矢跨比	rise_span_ratio	—	NA	字符型	O	-	N	R	I
22		悬吊比	suspension_ratio	—	NA	字符型	O	-	N	R	I
23		桥梁面积	bridge_area	—	m^2	数值型	M	-	N	R	I
24	参与方信息	设计单位名称	design_name	—	NA	文本型	M	-	N	R	I
25		施工单位名称	construction_name	—	NA	文本型	M	-	-	N	I
26		监理单位名称	supervision_name	—	NA	文本型	M	-	-	N	I

D. 0. 7 构件数据交换模板应符合表 D. 0. 7 的相关规定。

表 D. 0. 7 构件数据交换模板

模板名称	某一构件数据交换模板（道路附属物、道路设施、桥梁构件、桥梁附属物等）
创建阶段	设计阶段
创建单位	设计单位

续表D. 0. 7

更新单位		建设单位、运维单位									
版本号		V*_*									
序号	数据分组	数据名称	字段名称	数据值	单位	数据类型	约束	P	D	C	M
1	身份标识	构件名称	component_name	—	NA	文本型	M	-	N	R	R
2		构件类型	component_type	—	NA	文本型	O	-	N	R	R
3		构件编码	component_code	—	NA	字符型	M	-	N	R	R
4		编码标准	code_standard	—	NA	文本型	M	-	N	R	R
5	定位信息	所属项目	project_belonging	—	NA	文本型	M	-	N	I	I
6		所属标段	unit_belonging	—	NA	文本型	M	-	N	I	I
7	设计参数	长度	length	—	m	数值型	M	-	N	I	I
8		宽度	width	—	m	数值型	M	-	N	I	I
9		高度	height	—	m	数值型	M	-	N	I	I
10		厚度	thickness	—	m	数值型	M	-	N	I	I
11		深度	depth	—	m	数值型	M	-	N	I	I
12		材质	material	—	NA	文本型	M	-	N	I	I
13		等级	grade	—	NA	文本型	M	-	N	I	I
14		数据 1	—	—	—	—	-	-	-	-	-

续表D. 0. 7

序号	数据分组	数据名称	字段名称	数据值	单位	数据类型	约束	P	D	C	M
15	设计参数	数据 2	—	—	—	—	-	-	-	-	-
16		数据 3	—	—	—	—	-	-	-	-	-
17		数据…	—	—	—	—	-	-	-	-	-
18	施工信息	施工单位	construction_company	—	NA	文本型	M	-	-	N	I
19		施工日期	construction_date	—	NA	日期型	M	-	-	N	I
20		数据 1	—	—	—	—	-	-	-	-	-
21		数据 2	—	—	—	—	-	-	-	-	-
22		数据 3	—	—	—	—	-	-	-	-	-
23		数据…	—	—	—	—	-	-	-	-	-
24	运维信息	养护时间	maintenance_time	—	NA	日期型	M	-	-	N	R
25		保修期限	warranty_period	—	年	数值型	M	-	-	N	R
26		养护单位	maintenance_unit	—	NA	文本型	M	-	-	N	R
27		数据 1	—	—	—	—	-	-	-	-	-
28		数据 2	—	—	—	—	-	-	-	-	-
29		数据 3	—	—	—	—	-	-	-	-	-
30		数据…	—	—	—	—	-	-	-	-	-

注：表中未列出的数据组和数据可按实际应用需求自定义补充。可参考市政道路桥梁领域专项标准。

附录 E　市政给排水领域数据交换模板

E.0.1　项目数据交换模板应符合表 E.0.1 的相关规定。

表 E.0.1　项目数据交换模板

模板名称		某一项目数据交换模板									
创建阶段		规划阶段									
创建单位		建设单位									
更新单位		建设单位、运维单位									
版本号		V * _ *									
序号	数据分组	数据名称	字段名称	数据值	单位	数据类型	约束	P	D	C	M
1	项目标识	项目名称	project_name	—	NA	文本型	M	N	I	I	R
2		项目编码	project_code	—	NA	字符型	M	N	I	I	-
3		项目简称	project_abbreviation	—	NA	文本型	O	N	I	I	R
4	建设说明	建设地点	project_address	—	NA	文本型	M	N	I	I	-
5		自然条件	natural_condition	—	NA	文本型	O	N	I	I	-

续表E. 0. 1

序号	数据分组	数据名称	字段名称	数据值	单位	数据类型	约束	P	D	C	M
6	建设说明	地形地貌	topography	—	NA	文本型	O	N	I	I	-
7		建设依据	construction_ref	—	NA	文本型	M	N	I	I	-
8		采用坐标体系	coordinate_system	—	NA	文本型	O	N	I	I	-
9		立项批文编号	approval_number	—	NA	字符型	M	N	I	I	-
10		立项方式	initiation_method	—	NA	文本型	M	N	I	I	-
11	市政给水排水工程类型	工程类型	project_type	—	NA	文本型	M	N	I	I	-
12	技术经济指标	总投资额	investment_sum	—	万元	数值型	M	N	R	R	I
13		处理规模	scale	—	m^3/d	数值型	M	N	R	I	I
14		处理工艺	process	—	NA	数值型	M	N	R	I	I
15		出水水质	water_quality	—	mg/L	数值型	M	N	R	I	I
16		服务面积	area	—	ha	数值型	M	N	R	I	I
17	参与方信息	建设单位名称	owner_name	—	NA	文本型	M	N	I	I	-
18		建设单位性质	owner_nature	—	NA	文本型	M	N	I	I	-

E.0.2 标段数据交换模板应符合表 E.0.2 的相关规定。

表 E.0.2 标段数据交换模板

模板名称		某一标段数据交换模板									
创建阶段		规划阶段									
创建单位		建设单位									
更新单位		建设单位、运维单位									
版本号		V *_*									
序号	数据分组	数据名称	字段名称	数据值	单位	数据类型	约束	P	D	C	M
1	标段标识	标段名称	section_name	—	NA	文本型	M	N	I	I	R
2		标段编码	section_num	—	NA	字符型	M	N	I	I	-
3		标段简称	section_abbreviation	—	NA	文本型	M	N	I	I	R
4	建设说明	开工日期	start_date	—	NA	日期型	O	-	-	N	-
5		竣工日期	completion_date	—	NA	日期型	O	-	-	N	-
6		合同工期	contract_duration	—	NA	数值型	O	-	-	N	-
7		实际开工日期	actual_start_date	—	NA	日期型	O	-	-	N	-
8		实际竣工日期	actual_completion_date	—	NA	日期型	O	-	-	N	-
9		基点坐标	basepoint_coordinates	—	NA	字符型	O	-	N	I	-

续表E. 0. 2

序号	数据分组	数据名称	字段名称	数据值	单位	数据类型	约束	P	D	C	M
10	技术经济指标	处理规模	scale	—	m^3/d	数值型	M	N	R	I	I
11		处理工艺	process	—	NA	数值型	M	N	R	I	I
12		出水水质	water_quality	—	mg/L	数值型	M	N	R	I	I
13		服务面积	area	—	ha	数值型	M	N	R	I	I
14	参与方信息	设计单位名称	design_name	—	NA	文本型	M	-	N	R	I
15		施工单位名称	construction_name	—	NA	文本型	M	-	-	N	I
16		监理单位名称	supervision_name	—	NA	文本型	M	-	-	N	I

E. 0. 3 给水排水管网工程系统数据交换模板应符合表 E. 0. 3-1～表 E. 0. 3-3 的相关规定。

表 E. 0. 3-1 给(中)水管网工程数据交换模板

模板名称	某一给水排水管网工程系统数据交换模板
创建阶段	设计阶段
创建单位	设计单位
更新单位	建设单位、运维单位
版本号	V*_*

续表E. 0. 3-1

序号	数据分组	数据名称	字段名称	数据值	单位	数据类型	约束	P	D	C	M
1	身份标识	系统名称	system_name	—	NA	文本型	M	-	N	R	R
2		系统分类	system_type	—	NA	文本型	M	-	N	R	R
3	定位信息	所属项目	project_belonging	—	NA	文本型	M	-	N	R	R
4		所属标段	section_belonging	—	NA	文本型	M	-	N	R	R
5	设计参数	数据 1	—	—	—	—	-	-	-	-	-
6		数据 2	—	—	—	—	-	-	-	-	-
7		数据 3	—	—	—	—	-	-	-	-	-
8		数据…	—	—	—	—	-	-	-	-	-
9	施工信息	施工单位	construction_company	—	NA	文本型	M	-	-	N	I
10		施工日期	construction_date	—	NA	日期型	M	-	-	N	I
11	运维信息	养护时间	maintenance_time	—	NA	日期型	M	-	-	N	R
12		保修期限	warranty_period	—	年	数值型	M	-	-	N	R
13		养护单位	maintenance_unit	—	NA	文本型	M	-	-	N	R

注：1 表中未列出的数据组和数据可按实际应用需求自定义补充。
2 设计参数分组中更多数据可参考市政给排水领域专项标准。

表 E.0.3-2　雨水系统数据交换模板

模板名称		某一给水排水管网工程系统数据交换模板									
创建阶段		设计阶段									
创建单位		设计单位									
更新单位		建设单位、运维单位									
版本号		V*_*									
序号	数据分组	数据名称	字段名称	数据值	单位	数据类型	约束	P	D	C	M
1	身份标识	系统名称	system_name	—	NA	文本型	M	-	N	R	R
2		系统分类	system_type	—	NA	文本型	M	-	N	R	R
3	定位信息	所属项目	project_belonging	—	NA	文本型	M	-	N	R	R
4		所属标段	section_belonging	—	NA	文本型	M	-	N	R	R
5	设计参数	数据 1	—	—	—	—	-	-	-	-	-
6		数据 2	—	—	—	—	-	-	-	-	-
7		数据 3	—	—	—	—	-	-	-	-	-
8		数据…	—	—	—	—	-	-	-	-	-
9	施工信息	施工单位	construction_company	—	NA	文本型	M	-	-	N	I
10		施工日期	construction_date	—	NA	日期型	M	-	-	N	I

续表E. 0. 3-2

序号	数据分组	数据名称	字段名称	数据值	单位	数据类型	约束	P	D	C	M
11	运维信息	养护时间	maintenance_time	—	NA	日期型	M	-	-	N	R
12		保修期限	warranty_period	—	年	数值型	M	-	-	N	R
13		养护单位	maintenance_unit	—	NA	文本型	M	-	-	N	R

注：1 表中未列出的数据组和数据可按实际应用需求自定义补充。
2 设计参数分组中更多数据可参考市政给排水领域专项标准。

表 E. 0. 3-3 污水系统数据交换模板

模板名称		某一给水排水管网工程系统数据交换模板									
创建阶段		设计阶段									
创建单位		设计单位									
更新单位		建设单位、运维单位									
版本号		V*_*									
序号	数据分组	数据名称	字段名称	数据值	单位	数据类型	约束	P	D	C	M
1	身份标识	系统名称	system_name	—	NA	文本型	M	-	N	R	R
2		系统分类	system_type	—	NA	文本型	M	-	N	R	R
3	定位信息	所属项目	project_belonging	—	NA	文本型	M	-	N	R	R
4		所属标段	section_belonging	—	NA	文本型	M	-	N	R	R

续表E. 0. 3-3

序号	数据分组	数据名称	字段名称	数据值	单位	数据类型	约束	P	D	C	M
5	设计参数	数据 1	—	—	—	—	-	-	-	-	-
6		数据 2	—	—	—	—	-	-	-	-	-
7		数据 3	—	—	—	—	-	-	-	-	-
8		数据…	—	—	—	—	-	-	-	-	-
9	施工信息	施工单位	construction_company	—	NA	文本型	M	-	-	N	I
10		施工日期	construction_date	—	NA	日期型	M	-	-	N	I
11	运维信息	养护时间	maintenance_time	—	NA	日期型	M	-	-	N	R
12		保修期限	warranty_period	—	年	数值型	M	-	-	N	R
13		养护单位	maintenance_unit	—	NA	文本型	M	-	-	N	R

注：1 表中未列出的数据组和数据可按实际应用需求自定义补充。
2 设计参数分组中更多数据可参考市政给排水领域专项标准。

E. 0. 4 给水排水管网工程附属构筑物数据交换模板应符合表 E. 0. 4 的相关规定。

表 E. 0. 4 给水排水管网工程附属构筑物数据交换模板

模板名称	某一给水排水管网工程附属构筑物数据交换模板
创建阶段	设计阶段
创建单位	设计单位

续表E.0.4

更新单位		建设单位、运维单位									
版本号		V＊_＊									
序号	数据分组	数据名称	字段名称	数据值	单位	数据类型	约束	P	D	C	M
1	身份标识	构筑物名称	building_name	—	NA	文本型	M	-	N	R	R
2		构筑物编号	building_num	—	NA	字符型	M	-	N	R	R
3	定位信息	所属项目	project_belonging	—	NA	文本型	M	-	N	R	R
4		所属标段	section_belonging	—	NA	文本型	M	-	N	R	R
5	构筑物 设计参数	数据1	—	—	—	—	-	-	-	-	-
6		数据2	—	—	—	—	-	-	-	-	-
7		数据3	—	—	—	—	-	-	-	-	-
8		数据…	—	—	—	—	-	-	-	-	-
9	施工信息	施工单位	construction_company	—	NA	文本型	M	-	-	N	I
10		施工日期	construction_date	—	NA	日期型	M	-	-	N	I
11	运维信息	养护时间	maintenance_time	—	NA	日期型	M	-	-	N	R
12		保修期限	warranty_period	—	年	数值型	M	-	-	N	R
13		养护单位	maintenance_unit	—	NA	文本型	M	-	-	N	R

注：1 表中未列出的数据组和数据可按实际应用需求自定义补充。
2 给水排水管网工程附属构筑物包括阀门井、排气、排泥阀井、水表井、消火栓、检查井、沉泥井、跌水井、雨水口、倒虹管、闸槽井、管道出水口等，其每个构筑物的设计参数数据可参考市政给排水领域专项标准。

E. 0. 5 给水厂(站)工程系统-工艺系统数据交换模板应符合表 E. 0. 5 的相关规定。

表 E. 0. 5 给水厂(站)工程系统-工艺系统数据交换模板

模板名称		某一给水厂(站)工艺系统数据交换模板									
创建阶段		设计阶段									
创建单位		设计单位									
更新单位		建设单位、运维单位									
版本号		V*_*									
序号	数据分组	数据名称	字段名称	数据值	单位	数据类型	约束	P	D	C	M
1	身份标识	系统名称	system_name	—	NA	文本型	M	-	N	R	R
2		系统分类	system_type	—	NA	文本型	M	-	N	R	R
3	定位信息	所属项目	project_belonging	—	NA	文本型	M	-	N	R	R
4		所属标段	section_belonging	—	NA	文本型	M	-	N	R	R
5	设计参数	数据 1	—	—	—	—	-	-	-	-	-
6		数据 2	—	—	—	—	-	-	-	-	-
7		数据 3	—	—	—	—	-	-	-	-	-
8		数据…	—	—	—	—	-	-	-	-	-
9	施工信息	施工单位	construction_company	—	NA	文本型	M	-	-	N	I
10		施工日期	construction_date	—	NA	日期型	M	-	-	N	I

续表E.0.5

序号	数据分组	数据名称	字段名称	数据值	单位	数据类型	约束	P	D	C	M
11	运维信息	养护时间	maintenance_time	—	NA	日期型	M	-	-	N	R
12		保修期限	warranty_period	—	年	数值型	M	-	-	N	R
13		养护单位	maintenance_unit	—	NA	文本型	M	-	-	N	R

注:1 表中未列出的数据组和数据可按实际应用需求自定义补充。
2 给水厂(站)工程工艺系统应包括取水泵房、沉淀池(絮凝沉淀池)、滤池(V型滤池)、臭氧接触池(后臭氧接触池)、加药间(加氯加矾间)、清水池、送水泵房等构筑物的工艺系统,其每个工艺系统设计参数可参考市政给排水领域专项标准。
3 给水厂(站)工程还包括的给水排水系统、暖通空调系统、电气系统、智能化系统应符合本标准附录B的相关规定。

E.0.6 给水厂(站)工程构筑物数据交换模板应符合表E.0.6的相关规定。

表E.0.6 给水厂(站)工程构筑物数据交换模板

模板名称		某一给水厂(站)工程构筑物数据交换模板									
创建阶段		设计阶段									
创建单位		设计单位									
更新单位		建设单位、运维单位									
版本号		V*_*									
序号	数据分组	数据名称	字段名称	数据值	单位	数据类型	约束	P	D	C	M
1	身份标识	构筑物名称	building_name	—	NA	文本型	M	-	N	R	R
2		构筑物编号	building_num	—	NA	字符型	M	-	N	R	R

续表E. 0. 6

序号	数据分组	数据名称	字段名称	数据值	单位	数据类型	约束	P	D	C	M
3	定位信息	所属项目	project_belonging	—	NA	文本型	M	-	N	R	R
4		所属标段	section_belonging	—	NA	文本型	M	-	N	R	R
5	设计参数	数据 1	—	—	—	—	-	-	-	-	-
6		数据 2	—	—	—	—	-	-	-	-	-
7		数据 3	—	—	—	—	-	-	-	-	-
8		数据…	—	—	—	—	-	-	-	-	-
9	施工信息	施工单位	construction_company	—	NA	文本型	M	-	-	N	I
10		施工日期	construction_date	—	NA	日期型	M	-	-	N	I
11	运维信息	养护时间	maintenance_time	—	NA	日期型	M	-	-	N	R
12		保修期限	warranty_period	—	年	数值型	M	-	-	N	R
13		养护单位	maintenance_unit	—	NA	文本型	M	-	-	N	R

注:1 表中未列出的数据组和数据可按实际应用需求自定义补充。

2 给水厂(站)工程构筑物包括取水泵房、沉淀池(絮凝沉淀池)、滤池(V 型滤池)、臭氧接触池(后臭氧接触池)、加药间(加氯加矾间)、清水池、送水泵房等,其每个构筑物的设计参数可参考市政给排水领域专项标准。

E.0.7 排水厂(站)工程系统-工艺系统数据交换模板应符合表 E.0.7 的相关规定。

表 E.0.7 排水厂(站)工程系统-工艺系统数据交换模板

模板名称		某一排水厂(站)工程系统工艺系统数据交换模板									
创建阶段		设计阶段									
创建单位		设计单位									
更新单位		建设单位、运维单位									
版本号		V *_*									
序号	数据分组	数据名称	字段名称	数据值	单位	数据类型	约束	P	D	C	M
1	身份标识	系统名称	system_name	—	NA	文本型	M	-	N	R	R
2		系统分类	system_type	—	NA	文本型	M	-	N	R	R
3	定位信息	所属项目	project_belonging	—	NA	文本型	M	-	N	R	R
4		所属标段	section_belonging	—	NA	文本型	M	-	N	R	R
5	设计参数	数据 1	—	—	—	—	-	-	-	-	-
6		数据 2	—	—	—	—	-	-	-	-	-
7		数据 3	—	—	—	—	-	-	-	-	-
8		数据…	—	—	—	—	-	-	-	-	-
9	施工信息	施工单位	construction_company	—	NA	文本型	M	-	-	N	I
10		施工日期	construction_date	—	NA	日期型	M	-	-	N	I

续表E. 0. 7

序号	数据分组	数据名称	字段名称	数据值	单位	数据类型	约束	P	D	C	M
11	运维信息	养护时间	maintenance_time	—	NA	日期型	M	-	-	N	R
12		保修期限	warranty_period	—	年	数值型	M	-	-	N	R
13		养护单位	maintenance_unit	—	NA	文本型	M	-	-	N	R

注：1 表中未列出的数据组和数据可按实际应用需求自定义补充。
2 排水厂(站)工程工艺系统应包括合流泵站、粗格栅及进水泵房、细格栅及曝气沉砂池、AAO 生物反应池、二沉池、高效沉淀池、污泥浓缩池、污泥脱水车间等构筑物的工艺系统，其每个工艺系统设计参数可参考市政给排水领域专项标准。
3 排水厂(站)工程还包括的给水排水系统、暖通空调系统、电气系统、智能化系统应符合本标准附录 B 相关规定。

E. 0. 8 排水厂(站)工程构筑物数据交换模板应符合表 E. 0. 8 的相关规定。

表 E. 0. 8 排水厂(站)工程构筑物数据交换模板

模板名称		某一排水厂(站)工程构筑物数据交换模板									
创建阶段		设计阶段									
创建单位		设计单位									
更新单位		建设单位、运维单位									
版本号		V *_*									
序号	数据分组	数据名称	字段名称	数据值	单位	数据类型	约束	P	D	C	M
1	身份标识	构筑物名称	building_name	—	NA	文本型	M	-	N	R	R
2		构筑物编号	building_num	—	NA	字符型	M	-	N	R	R

续表E.0.8

序号	数据分组	数据名称	字段名称	数据值	单位	数据类型	约束	P	D	C	M
3	定位信息	所属项目	project_belonging	—	NA	文本型	M	-	N	R	R
4		所属标段	section_belonging	—	NA	文本型	M	-	N	R	R
5	设计参数	数据 1	—	—	—	—	-	-	-	-	-
6		数据 2	—	—	—	—	-	-	-	-	-
7		数据 3	—	—	—	—	-	-	-	-	-
8		数据…	—	—	—	—	-	-	-	-	-
9	施工信息	施工单位	construction_company	—	NA	文本型	M	-	-	N	I
10		施工日期	construction_date	—	NA	日期型	M	-	-	N	I
11	运维信息	养护时间	maintenance_time	—	NA	日期型	M	-	-	N	R
12		保修期限	warranty_period	—	年	数值型	M	-	-	N	R
13		养护单位	maintenance_unit	—	NA	文本型	M	-	-	N	R

注：1 表中未列出的数据组和数据可按实际应用需求自定义补充。
2 排水厂(站)工程构筑物包括合流泵站、粗格栅及进水泵房、细格栅及曝气沉砂池、AAO生物反应池、二沉池、高效沉淀池、污泥浓缩池、污泥脱水车间等，其每个构筑物的设计参数可参考市政给排水领域专项标准。

E.0.9 给水排水工程构件数据交换模板应符合表 E.0.9 的相关规定。

表 E.0.9　给水排水工程构件交换模板

模板名称		某一给水排水工程构筑物数据交换模板									
创建阶段		设计阶段									
创建单位		设计单位									
更新单位		建设单位、运维单位									
版本号		V*_*									
序号	数据分组	数据名称	字段名称	数据值	单位	数据类型	约束	P	D	C	M
1	身份标识	构筑物名称	building_name	—	NA	文本型	M	-	N	R	R
2		构筑物编号	building_num	—	NA	字符型	M	-	N	R	R
3	定位信息	所属项目	project_belonging	—	NA	文本型	M	-	N	R	R
4		所属标段	section_belonging	—	NA	文本型	M	-	N	R	R
5		所属构筑物	building_belonging	—	NA	文本型	M	-	N	R	R
6	设计参数	数据 1	—	—	—	—	-	-	-	-	-
7		数据 2	—	—	—	—	-	-	-	-	-
8		数据 3	—	—	—	—	-	-	-	-	-
9		数据…	—	—	—	—	-	-	-	-	-

续表E.0.9

序号	数据分组	数据名称	字段名称	数据值	单位	数据类型	约束	P	D	C	M
10	施工信息	施工单位	construction_company	—	NA	文本型	M	-	-	N	I
11		施工日期	construction_date	—	NA	日期型	M	-	-	N	I
12	运维信息	养护时间	maintenance_time	—	NA	日期型	M	-	-	N	R
13		保修期限	warranty_period	—	年	数值型	M	-	-	N	R
14		养护单位	maintenance_unit	—	NA	文本型	M	-	-	N	R

注：1 表中未列出的数据组和数据可按实际应用需求自定义补充。

2 常见构件包括机电设备构件(水处理设备、加药设备、阀门设备、泵、起重设备、配电设备、自控设备、安防设备等)、建筑构件(墙、门、窗、梯、护栏等)、结构构件(底板、壁板、顶板、梁、柱等),其每个构筑物的设计参数可参考市政给排水领域专项标准。

附录F　轨道交通领域数据交换模板

F.0.1　项目数据交换模板应符合表F.0.1的相关规定。

表F.0.1　项目数据交换模板

模板名称		某一项目数据交换模板(如上海轨道交通14号线工程)									
创建阶段		规划阶段									
创建单位		建设单位									
更新单位		建设单位、运维单位									
版本号		V*_*									
序号	数据分组	数据名称	字段名称	数据值	单位	数据类型	约束	P	D	C	M
1	项目标识	项目名称	project_name	—	NA	文本型	M	N	I	I	R
2		项目编码	project_code	—	NA	字符型	M	N	I	I	-
3		项目简称	project_abbreviation	—	NA	文本型	O	N	I	I	R
4	建设说明	建设地点	project_address	—	NA	文本型	M	N	I	I	-
5		报建编号	project_number	—	NA	字符型	M	N	I	I	-

续表F.0.1

序号	数据分组	数据名称	字段名称	数据值	单位	数据类型	约束	P	D	C	M
6	建设说明	采用坐标体系	coordinate_system	—	NA	文本型	M	N	I	I	-
7		采用高程系统	elevation_system	—	NA	文本型	M	N	I	I	-
8		立项方式	initiation_method	—	NA	文本型	M	N	I	I	-
9		项目类型	project_type	—	NA	文本型	M	N	I	I	-
10	技术经济指标	总投资额	investment_sum	—	万元	数值型	M	N	R	R	I
11		线路长度	total_aera	—	km	数值型	M	N	R	I	I
12		车站数量	station_num	—	座	数值型	M	N	R	I	I
13	参与方信息	建设单位名称	owner_name	—	NA	文本型	M	N	I	I	-

F.0.2 系统数据交换模板应符合表F.0.2-1～表F.0.2-22的相关规定。

表F.0.2-1 土建设施数据交换模板

模板名称	某一土建设施数据交换模板(如:车站)
创建阶段	设计阶段
创建单位	设计单位
更新单位	建设单位、运维单位
版本号	V*_*

续表F. 0. 2-1

序号	数据分组	数据名称	字段名称	数据值	单位	数据类型	约束	P	D	C	M
1	身份标识	土建设施名称	unit_name	—	NA	文本型	M	N	R	R	R
2		土建设施编号	unit_num	—	NA	字符型	M	N	R	R	R
3		土建设施类型	unit_type	—	NA	文本型	M	N	I	I	I
4	建设信息	所属标段	belonging_tender	—	NA	文本型	O	-	N	R	-
5		规模	scale	—	NA	文本型	M	N	R	R	I
6		开工日期	start_date	—	NA	日期型	O	-	-	N	-
7		竣工日期	completion_date	—	NA	日期型	O	-	-	N	-
8	技术参数	建筑总面积	total_area	—	m^2	数值型	M	-	N	R	I
9		主体建筑面积	main_area	—	m^2	数值型	M*	-	N	R	I
10		耐火等级	fire_resistance_level	—	NA	文本型	M	-	N	R	I
11		出入口数量	entrance_num	—	个	数值型	M*	-	N	R	I
12	参与方信息	设计单位名称	design_name	—	NA	文本型	M	-	N	R	I
13		施工单位名称	construction_name	—	NA	文本型	M	-	-	N	I
14		监理单位名称	supervision_name	—	NA	文本型	M	-	-	N	I
15		运维单位名称	Maintenance_name	—	NA	文本型	M	-	-	-	N

表 F.0.2-2　线路数据交换模板

模板名称		某一线路数据交换模板(如:轨道)									
创建阶段		设计阶段									
创建单位		设计单位									
更新单位		建设单位、运维单位									
版本号		V*_*									
序号	数据分组	数据名称	字段名称	数据值	单位	数据类型	约束	P	D	C	M
1	身份标识	系统名称	system_name	—	NA	文本型	M	N	R	I	R
2		系统编号	system_code	—	NA	字符型	M	N	R	I	R
3	定位信息	所属项目	project_belonging	—	NA	文本型	M	-	N	I	I
4		所属标段	belonging_tender	—	NA	文本型	O	-	N	R	-
5		里程范围	unit_belonging	—	NA	文本型	M	-	N	I	I
6	技术参数	标准轨距	gauge	—	mm	数值型	M	-	N	R	I
7		轨道结构高度	rail_height	—	mm	数值型	M*	-	N	R	I
8		轨枕铺设标准	sleeper_standard	—	NA	文本型	M	-	N	R	I
9		钢轨型式	rail_type	—	NA	文本型	M	-	N	R	I
10		钢轨材质	rail_material	—	NA	文本型	M	-	N	R	I
11		道床形式	roadbed_type	—	NA	文本型	M	-	N	R	I

续表F. 0. 2-2

序号	数据分组	数据名称	字段名称	数据值	单位	数据类型	约束	P	D	C	M
12	技术参数	扣件形式	fasteners_type	—	NA	文本型	M	-	N	R	I
13		轨枕形式	Sleeper_type	—	NA	文本型	M	-	N	R	I
14		道岔类型	turnout_type	—	NA	文本型	M	-	N	R	I
15	建设信息	开工日期	start_date	—	NA	日期型	O	-	-	N	-
16		竣工日期	completion_date	—	NA	日期型	O	-	-	N	-
17	参与方信息	设计单位名称	design_name	—	NA	文本型	M	-	N	R	I
18		施工单位名称	construction_name	—	NA	文本型	M	-	-	N	I
19		监理单位名称	supervision_name	—	NA	文本型	M	-	-	N	I
20		运维单位名称	Maintenance_name	—	NA	文本型	M	-	-	-	N

表 F. 0. 2-3　车辆数据交换模板

模板名称	某一车辆数据交换模板
创建阶段	设计阶段
创建单位	设计单位
更新单位	建设单位、运维单位
版本号	V*_*

续表F. 0. 2-3

序号	数据分组	数据名称	字段名称	数据值	单位	数据类型	约束	P	D	C	M
1	身份标识	系统名称	system_name	—	NA	文本型	M	N	R	I	R
2		系统编号	system_code	—	NA	字符型	M	N	R	I	R
3	定位信息	所属项目	project_belonging	—	NA	文本型	M	-	N	I	I
4	技术参数	车辆类型及编组	metro_making-up	—	mm	数值型	M	-	N	R	I
5		自重	tare_weight	—	t	数值型	M	-	N	R	I
6		载重	load_weight	—	t	数值型	M	-	N	R	I
7		列车长度	metro_length	—	m	数值型	M	-	N	R	I
8		车辆宽度	metro_width	—	mm	数值型	M	-	N	R	I
9		车辆定距	metro_interval	—	mm	数值型	M	-	N	R	I
10		车辆轴距	metro_wheelbase	—	mm	数值型	M	-	N	R	I
11		车辆轴重	metro_axle_load	—	t	数值型	M	-	N	R	I
12		供电方式	power_supply_mode	—	NA	文本型	M	-	N	R	I
13		构造速度	design_speed	—	km/h	数值型	M	-	N	R	I
14	采购信息	生产单位	manufacturer	—	NA	文本型	M	-	N	R	I
15		出厂编号	serial_number	—	NA	字符型	M	-	-	N	I
16		投入使用日期	use_date	—	NA	日期型	O	-	-	N	I
17	参与方信息	运维单位名称	maintenance_name	—	NA	文本型	M	-	-	-	N

表 F.0.2-4　空调与供暖数据交换模板

模板名称	某一通风空调与供暖数据交换模板（如：通风系统）										
创建阶段	设计阶段										
创建单位	设计单位										
更新单位	建设单位、运维单位										
版本号	V*_*										
序号	数据分组	数据名称	字段名称	数据值	单位	数据类型	约束	P	D	C	M
1	身份标识	系统名称	system_name	—	NA	文本型	M	N	R	I	R
2		系统编号	system_code	—	NA	字符型	M	N	R	I	R
3	定位信息	所属项目	project_belonging	—	NA	文本型	M	-	N	I	I
4		所属标段	belonging_tender	—	NA	文本型	O	-	N	R	-
5		所属工程区域	unit_belonging	—	NA	文本型	M	-	N	I	I
6	技术参数	送风量	air_supply_volume	—	m^3/h	数值型	M	-	N	R	I
7		回/排风量	exhaust_air_rate	—	m^3/h	数值型	M	-	N	R	I
8		新风量	outdoor_air_flow_rate	—	m^3/h	数值型	M	-	N	R	I
9		排烟量	smoke_extract_rate	—	m^3/h	数值型	M	-	N	R	I
10		设计冷负荷	design_cooling_load	—	kW	数值型	M	-	N	R	I
11		冷冻水供水温度	chilledwater_ supply_temperature	—	℃	数值型	M	-	N	R	I

续表F. 0. 2-4

序号	数据分组	数据名称	字段名称	数据值	单位	数据类型	约束	P	D	C	M
12	技术参数	冷冻水回水温度	chilledwater_return_temperature	—	℃	数值型	M	-	N	R	I
13		风管材料	duct_material	—	NA	文字型	M	-	N	R	I
14		水管材料	pipe_material	—	NA	文字型	M	-	N	R	I
15		耐火等级	firepro_endurance_rating	—	NA	文字型	M	-	N	R	I
16		风管保温	duct_insulation	—	NA	文字型	M	-	N	R	I
17		水管保温	pipe_insulation	—	NA	文字型	M	-	N	R	I
18	建设信息	开工日期	start_date	—	NA	日期型	O	-	-	N	-
19		竣工日期	completion_date	—	NA	日期型	O	-	-	N	-
20	参与方信息	设计单位名称	design_name	—	NA	文本型	M	-	N	R	I
21		施工单位名称	construction_name	—	NA	文本型	M	-	-	N	I
22		监理单位名称	supervision_name	—	NA	文本型	M	-	-	N	I
23		运维单位名称	maintenance_name	—	NA	文本型	M	-	-	-	N

表 F. 0. 2-5 给水与排水数据交换模板

模板名称	某一给水与排水数据交换模板(如:给水系统)
创建阶段	设计阶段

续表F. 0. 2-5

创建单位		设计单位									
更新单位		建设单位、运维单位									
版本号		V＊_＊									
序号	数据分组	数据名称	字段名称	数据值	单位	数据类型	约束	P	D	C	M
1	身份标识	系统名称	system_name	—	NA	文本型	M	N	R	I	R
2		系统编号	system_code	—	NA	字符型	M	N	R	I	R
3	定位信息	所属项目	project_belonging	—	NA	文本型	M	-	N	I	I
4		所属标段	belonging_tender	—	NA	文本型	O	-	N	R	-
5		所属工程区域	unit_belonging	—	NA	文本型	M	-	N	I	I
6	技术参数	压力	pressure	—	MPa	数值型	M	-	N	R	I
7		流量	flow	—	L/s	数值型	M	-	N	R	I
8		生产生活用水量	domestic_water_consumption	—	m^3/d	数值型	M	-	N	R	I
9		消防用水量	fire_water_consumption	—	m^3	数值型	M	-	N	R	I
10		排水量	displacement	—	m^3/d	数值型	M	-	N	R	I
11		管材	pipe_material	—	NA	文本型	M	-	N	R	I
12		管道保温	pipe_insulation	—	NA	文本型	M	-	N	R	I
13	建设信息	开工日期	start_date	—	NA	日期型	O	-	-	N	-
14		竣工日期	completion_date	—	NA	日期型	O	-	-	N	-

续表F. 0. 2-5

序号	数据分组	数据名称	字段名称	数据值	单位	数据类型	约束	P	D	C	M
15	参与方信息	设计单位名称	design_name	—	NA	文本型	M	-	N	R	I
16		施工单位名称	construction_name	—	NA	文本型	M	-	-	N	I
17		监理单位名称	supervision_name	—	NA	文本型	M	-	-	N	I
18		运维单位名称	maintenance_name	—	NA	文本型	M	-	-	-	N

表 F. 0. 2-6 供电数据交换模板

模板名称		某一供电数据交换模板(如:动力照明)									
创建阶段		设计阶段									
创建单位		设计单位									
更新单位		建设单位、运维单位									
版本号		V*_*									
序号	数据分组	数据名称	字段名称	数据值	单位	数据类型	约束	P	D	C	M
1	身份标识	系统名称	system_name	—	NA	文本型	M	N	R	I	R
2		系统编号	system_code	—	NA	字符型	M	N	R	I	R
3	定位信息	所属项目	project_belonging	—	NA	文本型	M	-	N	I	I
4		所属标段	belonging_tender	—	NA	文本型	O	-	N	R	-
5		所属工程区域	unit_belonging	—	NA	文本型	M	-	N	I	I

续表F. 0. 2-6

序号	数据分组	数据名称	字段名称	数据值	单位	数据类型	约束	P	D	C	M
6	技术参数	一级负荷	first_class_load	—	NA	文本型	M	-	N	I	I
7		二级负荷	second_class_load	—	NA	文本型	M	-	N	I	I
8		三级负荷	three_class_load	—	NA	文本型	M	-	N	I	I
9		配电方式	power_mode	—	NA	文本型	M	-	N	I	I
10		设备材料要求	equipment_materials	—	NA	文本型	M	-	N	R	I
11		照明选型	lighting_type	—	NA	文本型	M	-	N	R	I
12		照明控制方式	lighting_control	—	NA	文本型	M	-	N	R	I
13		照明照度	illuminance	—	NA	文本型	M	-	N	R	I
14		照明功率密度	lighting_power_density	—	NA	文本型	M	-	N	R	I
15		桥架选型	bridge_type	—	NA	文本型	M	-	N	R	I
16		线缆选型	cable_type	—	NA	文本型	M	-	N	R	I
17	建设信息	开工日期	start_date	—	NA	日期型	O	-	-	N	-
18		竣工日期	completion_date	—	NA	日期型	O	-	-	N	-
19	参与方信息	设计单位名称	design_name	—	NA	文本型	M	-	N	R	I
20		施工单位名称	construction_name	—	NA	文本型	M	-	-	N	I
21		监理单位名称	supervision_name	—	NA	文本型	M	-	-	N	I
22		运维单位名称	maintenance_name	—	NA	文本型	M	-	-	-	N

表 F.0.2-7　通信系统数据交换模板

模板名称		通信系统数据交换模板									
创建阶段		设计阶段									
创建单位		设计单位									
更新单位		建设单位、运维单位									
版本号		V *_*									
序号	数据分组	数据名称	字段名称	数据值	单位	数据类型	约束	P	D	C	M
1	身份标识	系统名称	system_name	—	NA	文本型	M	N	R	I	R
2		系统编号	system_code	—	NA	字符型	M	N	R	I	R
3	定位信息	所属项目	project_belonging	—	NA	文本型	M	-	N	I	I
4		所属标段	belonging_tender	—	NA	文本型	O	-	N	R	-
5		所属工程区域	unit_belonging	—	NA	文本型	M	-	N	I	I
6	技术参数	传输系统制式	transmission	—	NA	文本型	M	-	N	I	I
7		传输容量	transmission_capacity	—	Gbps	数值型	M	-	N	I	I
8		公务电话系统制式	PABX_telephone_system	—	NA	文本型	M	-	N	I	I
9		专用电话系统	dedicated_telephone_system	—	NA	文本型	M	-	N	I	I
10		专用无线系统	specialized_radio_system	—	NA	文本型	M	-	N	I	I

续表F. 0. 2-7

序号	数据分组	数据名称	字段名称	数据值	单位	数据类型	约束	P	D	C	M
11	技术参数	公安无线系统	public_security_radio_system	—	NA	文本型	M	-	N	I	I
12		消防无线系统	fire_radios_ystem	—	NA	文本型	M	-	N	I	I
13		技术防范系统组成	safety_guard_system	—	NA	文本型	M	-	N	I	I
14		视频监控系统制式	video_monitoring_system	—	NA	文本型	M	-	N	I	I
15		广播系统	broadcast_system	—	NA	文本型	M	-	N	I	I
16		时间系统	time_ystem	—	NA	文本型	M	-	N	I	I
17		信息资源接入网系统	information_resources_system	—	NA	文本型	M	-	N	I	I
18		电源(含电源监控)系统	power_supply_system	—	NA	文本型	M	-	N	I	I
19	建设信息	开工日期	start_date	—	NA	日期型	O	-	-	N	-
20		竣工日期	completion_date	—	NA	日期型	O	-	-	N	-
21	参与方信息	设计单位名称	design_name	—	NA	文本型	M	-	N	R	I
22		施工单位名称	construction_name	—	NA	文本型	M	-	-	N	I
23		监理单位名称	supervision_name	—	NA	文本型	M	-	-	N	I
24		运维单位名称	maintenance_name	—	NA	文本型	M	-	-	-	N

表 F. 0. 2-8　信号系统数据交换模板

模板名称		信号系统数据交换模板									
创建阶段		设计阶段									
创建单位		设计单位									
更新单位		建设单位、运维单位									
版本号		V *_*									
序号	数据分组	数据名称	字段名称	数据值	单位	数据类型	约束	P	D	C	M
1	身份标识	系统名称	system_name	—	NA	文本型	M	N	R	I	R
2		系统编号	system_code	—	NA	字符型	M	N	R	I	R
3	定位信息	所属项目	project_belonging	—	NA	文本型	M	-	N	I	I
4		所属标段	belonging_tender	—	NA	文本型	O	-	N	R	-
5		所属工程区域	unit_belonging	—	NA	文本型	M	-	N	I	I
6	技术参数	系统组成	system_compositio	—	NA	文本型	M	-	N	I	I
7		系统机房	control_room_location	—	NA	文本型	M	-	N	I	I
8		机房内线槽形式	duct_type_in_control_room	—	NA	文本型	M	-	N	I	I
9		缆线材质	cable_material	—	NA	文本型	M	-	N	I	I
10		列车运行模式	train_run_mode	—	NA	文本型	M	-	N	I	I
11	建设信息	开工日期	start_date	—	NA	日期型	O	-	-	N	-
12		竣工日期	completion_date	—	NA	日期型	O	-	-	N	-

续表F.0.2-8

序号	数据分组	数据名称	字段名称	数据值	单位	数据类型	约束	P	D	C	M
13	参与方信息	设计单位名称	design_name	—	NA	文本型	M	-	N	R	I
14		施工单位名称	construction_name	—	NA	文本型	M	-	-	N	I
15		监理单位名称	supervision_name	—	NA	文本型	M	-	-	N	I
16		运维单位名称	maintenance_name	—	NA	文本型	M	-	-	-	N

表 F.0.2-9 自动售检票系统数据交换模板

模板名称	自动售检票系统数据交换模板										
创建阶段	设计阶段										
创建单位	设计单位										
更新单位	建设单位、运维单位										
版本号	V*_*										
序号	数据分组	数据名称	字段名称	数据值	单位	数据类型	约束	P	D	C	M
1	身份标识	系统名称	system_name	—	NA	文本型	M	N	R	I	R
2		系统编号	system_code	—	NA	字符型	M	N	R	I	R
3	定位信息	所属项目	project_belonging	—	NA	文本型	M	-	N	I	I
4		所属标段	belonging_tender	—	NA	文本型	O	-	N	R	-
5		所属工程区域	unit_belonging	—	NA	文本型	M	-	N	I	I

续表F. 0. 2-9

序号	数据分组	数据名称	字段名称	数据值	单位	数据类型	约束	P	D	C	M
6	技术参数	系统组成	system_composition	—	NA	文本型	M	-	N	I	I
7		系统机房	control_room_location	—	NA	文本型	M	-	N	I	I
8		车站计算机系统	computing_systems	—	NA	文本型	M	-	N	I	I
9		车站终端设备	terminal_equipment	—	NA	文本型	M	-	N	I	I
10		配电设备	electrical_equipment	—	NA	文本型	M	-	N	I	I
11		运营附属设施	ancillary_facilities	—	NA	文本型	M	-	N	I	I
12		设备供电	power_supply	—	NA	文本型	M	-	N	I	I
13	建设信息	开工日期	start_date	—	NA	日期型	O	-	-	N	-
14		竣工日期	completion_date	—	NA	日期型	O	-	-	N	-
15	参与方信息	设计单位名称	design_name	—	NA	文本型	M	-	N	R	I
16		施工单位名称	construction_name	—	NA	文本型	M	-	-	N	I
17		监理单位名称	supervision_name	—	NA	文本型	M	-	-	N	I
18		运维单位名称	maintenance_name	—	NA	文本型	M	-	-	-	N

表 F. 0. 2-10　火灾自动报警系统数据交换模板

模板名称	火灾自动报警系统数据交换模板
创建阶段	设计阶段

续表F. 0. 2-10

创建单位		设计单位									
更新单位		建设单位、运维单位									
版本号		V＊_＊									
序号	数据分组	数据名称	字段名称	数据值	单位	数据类型	约束	P	D	C	M
1	身份标识	系统名称	system_name	—	NA	文本型	M	N	R	I	R
2		系统编号	system_code	—	NA	字符型	M	N	R	I	R
3	定位信息	所属项目	project_belonging	—	NA	文本型	M	-	N	I	I
4		所属标段	belonging_tender	—	NA	文本型	O	-	N	R	-
5		所属工程区域	unit_belonging	—	NA	文本型	M	-	N	I	I
6	技术参数	系统组成	system_composition	—	NA	文本型	M	-	N	I	I
7		电源要求	power_supply	—	NA	文本型	M	-	N	I	I
8		消防联动功能	integrated_fire_control	—	NA	文本型	M	-	N	I	I
9		与相关专业接口	design_interface	—	NA	文本型	M	-	N	I	I
10	建设信息	开工日期	start_date	—	NA	日期型	O	-	-	N	-
11		竣工日期	completion_date	—	NA	日期型	O	-	-	N	-
12	参与方信息	设计单位名称	design_name	—	NA	文本型	M	-	N	R	I
13		施工单位名称	construction_name	—	NA	文本型	M	-	-	N	I

续表F. 0. 2-10

序号	数据分组	数据名称	字段名称	数据值	单位	数据类型	约束	P	D	C	M
14	参与方信息	监理单位名称	supervision_name	—	NA	文本型	M	-	-	N	I
15		运维单位名称	maintenance_name	—	NA	文本型	M	-	-	-	N

表 F. 0. 2-11 综合监控系统数据交换模板

模板名称	综合监控系统数据交换模板										
创建阶段	设计阶段										
创建单位	设计单位										
更新单位	建设单位、运维单位										
版本号	V *_*										
序号	数据分组	数据名称	字段名称	数据值	单位	数据类型	约束	P	D	C	M
1	身份标识	系统名称	system_name	—	NA	文本型	M	N	R	I	R
2		系统编号	system_code	—	NA	字符型	M	N	R	I	R
3	定位信息	所属项目	project_belonging	—	NA	文本型	M	-	N	I	I
4		所属标段	belonging_tender	—	NA	文本型	O	-	N	R	-
5		所属工程区域	unit_belonging	—	NA	文本型	M	-	N	I	I
6	技术参数	系统组成	system_composition	—	NA	文本型	M	-	N	I	I
7		监控内容	monitoring_content	—	NA	文本型	M	-	N	I	I
8		与相关专业接口	design_interface	—	NA	文本型	M	-	N	I	I

续表F. 0. 2-11

序号	数据分组	数据名称	字段名称	数据值	单位	数据类型	约束	P	D	C	M
9	建设信息	开工日期	start_date	—	NA	日期型	O	-	-	N	-
10		竣工日期	completion_date	—	NA	日期型	O	-	-	N	-
11	参与方信息	设计单位名称	design_name	—	NA	文本型	M	-	N	R	I
12		施工单位名称	construction_name	—	NA	文本型	M	-	-	N	I
13		监理单位名称	supervision_name	—	NA	文本型	M	-	-	N	I
14		运维单位名称	maintenance_name	—	NA	文本型	M	-	-	-	N

表 F. 0. 2-12　环境与设备监控系统数据交换模板

模板名称	环境与设备监控系统数据交换模板										
创建阶段	设计阶段										
创建单位	设计单位										
更新单位	建设单位、运维单位										
版本号	V*_*										
序号	数据分组	数据名称	字段名称	数据值	单位	数据类型	约束	P	D	C	M
1	身份标识	系统名称	system_name	—	NA	文本型	M	N	R	I	R
2		系统编号	system_code	—	NA	字符型	M	N	R	I	R

续表F. 0. 2-12

序号	数据分组	数据名称	字段名称	数据值	单位	数据类型	约束	P	D	C	M
3	定位信息	所属项目	project_belonging	—	NA	文本型	M	-	N	I	I
4		所属标段	belonging_tender	—	NA	文本型	O	-	N	R	-
5		所属工程区域	unit_belonging	—	NA	文本型	M	-	N	I	I
6	技术参数	系统组成	system_composition	—	NA	文本型	M	-	N	I	I
7		监控内容	monitoring_content	—	NA	文本型	M	-	N	I	I
8		机柜安装位置	assembling_site	—	NA	文本型	M	-	N	I	I
9		管线敷设方式	cable_installation	—	NA	文本型	M	-	N	I	I
10		与相关专业接口	design_interface	—	NA	文本型	M	-	N	I	I
11	建设信息	开工日期	start_date	—	NA	日期型	O	-	-	N	-
12		竣工日期	completion_date	—	NA	日期型	O	-	-	N	-
13	参与方信息	设计单位名称	design_name	—	NA	文本型	M	-	N	R	I
14		施工单位名称	construction_name	—	NA	文本型	M	-	-	N	I
15		监理单位名称	supervision_name	—	NA	文本型	M	-	-	N	I
16		运维单位名称	maintenance_name	—	NA	文本型	M	-	-	-	N

表 F. 0. 2-13 乘客信息系统数据交换模板

模板名称		乘客信息系统数据交换模板									
创建阶段		设计阶段									
创建单位		设计单位									
更新单位		建设单位、运维单位									
版本号		V*_*									
序号	数据分组	数据名称	字段名称	数据值	单位	数据类型	约束	P	D	C	M
1	身份标识	系统名称	system_name	—	NA	文本型	M	N	R	I	R
2		系统编号	system_code	—	NA	字符型	M	N	R	I	R
3	定位信息	所属项目	project_belonging	—	NA	文本型	M	-	N	I	I
4		所属标段	belonging_tender	—	NA	文本型	O	-	N	R	-
5		所属工程区域	unit_belonging	—	NA	文本型	M	-	N	I	I
6	技术参数	LCD显示屏制式	LCD_mode	—	NA	文本型	M	-	N	I	I
7		显示屏安装位置	assembling_site	—	NA	文本型	M	-	N	I	I
8		显示屏电源	power_supply	—	NA	文本型	M	-	N	I	I
9	建设信息	开工日期	start_date	—	NA	日期型	O	-	-	N	-
10		竣工日期	completion_date	—	NA	日期型	O	-	-	N	-
11	参与方信息	设计单位名称	design_name	—	NA	文本型	M	-	N	R	I
12		施工单位名称	construction_name	—	NA	文本型	M	-	-	N	I

续表F. 0. 2-13

序号	数据分组	数据名称	字段名称	数据值	单位	数据类型	约束	P	D	C	M
13	参与方信息	监理单位名称	supervision_name	—	NA	文本型	M	-	-	N	I
14		运维单位名称	maintenance_name	—	NA	文本型	M	-	-	-	N

表 F. 0. 2-14　门禁系统数据交换模板

模板名称		门禁系统数据交换模板									
创建阶段		设计阶段									
创建单位		设计单位									
更新单位		建设单位、运维单位									
版本号		V *_*									
序号	数据分组	数据名称	字段名称	数据值	单位	数据类型	约束	P	D	C	M
1	身份标识	系统名称	system_name	—	NA	文本型	M	N	R	I	R
2		系统编号	system_code	—	NA	字符型	M	N	R	I	R
3	定位信息	所属项目	project_belonging	—	NA	文本型	M	-	N	I	I
4		所属标段	belonging_tender	—	NA	文本型	O	-	N	R	-
5		所属工程区域	unit_belonging	—	NA	文本型	M	-	N	I	I
6	技术参数	系统组成	system_composition	—	NA	文本型	M	-	N	I	I
7		系统供电	power_supply	—	NA	文本型	M	-	N	I	I

续表F. 0. 2-14

序号	数据分组	数据名称	字段名称	数据值	单位	数据类型	约束	P	D	C	M
8	技术参数	车站级控制响应时间	control_response_time	—	NA	文本型	M	-	N	I	I
9		车站级信息响应时间	answering_time	—	NA	文本型	M	-	N	I	I
10		消防联动功能	integrated_fire_control	—	NA	文本型	M	-	N	I	I
11		与相关专业的接口	design_interface	—	NA	文本型	M	-	N	I	I
12	建设信息	开工日期	start_date	—	NA	日期型	O	-	-	N	-
13		竣工日期	completion_date	—	NA	日期型	O	-	-	N	-
14	参与方信息	设计单位名称	design_name	—	NA	文本型	M	-	N	R	I
15		施工单位名称	construction_name	—	NA	文本型	M	-	-	N	I
16		监理单位名称	supervision_name	—	NA	文本型	M	-	-	N	I
17		运维单位名称	maintenance_name	—	NA	文本型	M	-	-	-	N

表 F. 0. 2-15　运营控制中心系统数据交换模板

模板名称	运营控制中心系统数据交换模板
创建阶段	设计阶段
创建单位	设计单位
更新单位	建设单位、运维单位
版本号	V*_*

续表F. 0. 2-15

序号	数据分组	数据名称	字段名称	数据值	单位	数据类型	约束	P	D	C	M
1	身份标识	系统名称	system_name	—	NA	文本型	M	N	R	I	R
2		系统编号	system_code	—	NA	字符型	M	N	R	I	R
3	定位信息	所属项目	project_belonging	—	NA	文本型	M	-	N	I	I
4		所属标段	belonging_tender	—	NA	文本型	O	-	N	R	-
5		所属工程区域	unit_belonging	—	NA	文本型	M	-	N	I	I
6	技术参数	系统组成	system_composition	—	NA	文本型	M	-	N	I	I
7	建设信息	开工日期	start_date	—	NA	日期型	O	-	-	N	-
8		竣工日期	completion_date	—	NA	日期型	O	-	-	N	-
9	参与方信息	设计单位名称	design_name	—	NA	文本型	M	-	N	R	I
10		施工单位名称	construction_name	—	NA	文本型	M	-	-	N	I
11		监理单位名称	supervision_name	—	NA	文本型	M	-	-	N	I
12		运维单位名称	maintenance_name	—	NA	文本型	M	-	-	-	N

表 F. 0. 2-16　站内客运设备数据交换模板

模板名称	某一站内客运设备数据交换模板(如:自动扶梯)
创建阶段	设计阶段
创建单位	设计单位

续表F. 0. 2-16

更新单位		建设单位、运维单位									
版本号		V*_*									
序号	数据分组	数据名称	字段名称	数据值	单位	数据类型	约束	P	D	C	M
1	身份标识	系统名称	system_name	—	NA	文本型	M	N	R	I	R
2		系统编号	system_code	—	NA	字符型	M	N	R	I	R
3	定位信息	所属项目	project_belonging	—	NA	文本型	M	-	N	I	I
4		所属标段	belonging_tender	—	NA	文本型	O	-	N	R	-
5		所属工程区域	unit_belonging	—	NA	文本型	M	-	N	I	I
6	技术参数	梯级宽度	tread_width	—	mm	数值型	M	-	N	I	I
7		名义速度	crest_speed	—	m/s	数值型	M	-	N	R	I
8		倾斜角度	angle	—	°	数值型	M	-	N	I	I
9		最大输出能力	maximum_output	—	人/h	数值型	M	-	N	R	I
10		运转形式	work_type	—	NA	文本型	M	-	N	I	I
11		驱动方式	drive_type	—	NA	文本型	M	-	N	I	I
12		速度控制	speed_control	—	NA	文本型	M	-	N	I	I
13		供电制式	power_supply	—	NA	文本型	M	-	N	I	I
14		与相关专业的接口	design_interface	—	NA	文本型	M	-	N	I	I

续表F. 0. 2-16

序号	数据分组	数据名称	字段名称	数据值	单位	数据类型	约束	P	D	C	M
15	建设信息	开工日期	start_date	—	NA	日期型	O	-	-	N	-
16		竣工日期	completion_date	—	NA	日期型	O	-	-	N	-
17	参与方信息	设计单位名称	design_name	—	NA	文本型	M	-	N	R	I
18		施工单位名称	construction_name	—	NA	文本型	M	-	-	N	I
19		监理单位名称	supervision_name	—	NA	文本型	M	-	-	N	I
20		运维单位名称	maintenance_name	—	NA	文本型	M	-	-	-	N

表 F. 0. 2-17　站台门数据交换模板

模板名称	站台门数据交换模板										
创建阶段	设计阶段										
创建单位	设计单位										
更新单位	建设单位、运维单位										
版本号	V *_*										
序号	数据分组	数据名称	字段名称	数据值	单位	数据类型	约束	P	D	C	M
1	身份标识	系统名称	system_name	—	NA	文本型	M	N	R	I	R
2		系统编号	system_code	—	NA	字符型	M	N	R	I	R

续表F. 0. 2-17

序号	数据分组	数据名称	字段名称	数据值	单位	数据类型	约束	P	D	C	M
3	定位信息	所属项目	project_belonging	—	NA	文本型	M	-	N	I	I
4		所属标段	belonging_tender	—	NA	文本型	O	-	N	R	-
5		所属工程区域	unit_belonging	—	NA	文本型	M	-	N	I	I
6	技术参数	系统组成	system_composition	—	NA	文本型	M	-	N	I	I
7		材质要求	material	—	NA	文本型	M	-	N	I	I
8		风压	air_pressure	—	Pa	数值型	M	-	N	I	I
9		人群荷载	pedestrian_load	—	kN/m	数值型	M	-	N	I	I
10		冲击载荷	impact_load	—	N	数值型	M	-	N	I	I
11		供电要求	power_supply	—	NA	文本型	M	-	N	I	I
12		运行强度	work_intensity	—	h/D	数值型	M	-	N	I	I
13		抗震标准	seismic_standard	—	NA	文本型	M	-	N	I	I
14	建设信息	开工日期	start_date	—	NA	日期型	O	-	-	N	-
15		竣工日期	completion_date	—	NA	日期型	O	-	-	N	-
16	参与方信息	设计单位名称	design_name	—	NA	文本型	M	-	N	R	I
17		施工单位名称	construction_name	—	NA	文本型	M	-	-	N	I
18		监理单位名称	supervision_name	—	NA	文本型	M	-	-	N	I
19		运维单位名称	maintenance_name	—	NA	文本型	M	-	-	-	N

表 F.0.2-18　车辆地基设备数据交换模板

模板名称		车辆地基设备数据交换模板									
创建阶段		设计阶段									
创建单位		设计单位									
更新单位		建设单位、运维单位									
版本号		V *_*									
序号	数据分组	数据名称	字段名称	数据值	单位	数据类型	约束	P	D	C	M
1	身份标识	系统名称	system_name	—	NA	文本型	M	N	R	I	R
2		系统编号	system_code	—	NA	字符型	M	N	R	I	R
3	定位信息	所属项目	project_belonging	—	NA	文本型	M	-	N	I	I
4		所属标段	belonging_tender	—	NA	文本型	O	-	N	R	-
5		所属工程区域	unit_belonging	—	NA	文本型	M	-	N	I	I
6	建设信息	开工日期	start_date	—	NA	日期型	O	-	-	N	-
7		竣工日期	completion_date	—	NA	日期型	O	-	-	N	-
8	参与方信息	设计单位名称	design_name	—	NA	文本型	M	-	N	R	I
9		施工单位名称	construction_name	—	NA	文本型	M	-	-	N	I
10		监理单位名称	supervision_name	—	NA	文本型	M	-	-	N	I
11		运维单位名称	maintenance_name	—	NA	文本型	M	-	-	-	N

表 F. 0. 2-19　信息系统数据交换模板

模板名称		信息系统数据交换模板									
创建阶段		设计阶段									
创建单位		设计单位									
更新单位		建设单位、运维单位									
版本号		V*_*									
序号	数据分组	数据名称	字段名称	数据值	单位	数据类型	约束	P	D	C	M
1	身份标识	系统名称	system_name	—	NA	文本型	M	N	R	I	R
2		系统编号	system_code	—	NA	字符型	M	N	R	I	R
3	定位信息	所属项目	project_belonging	—	NA	文本型	M	-	N	I	I
4		所属标段	belonging_tender	—	NA	文本型	O	-	N	R	-
5		所属工程区域	unit_belonging	—	NA	文本型	M	-	N	I	I
6	建设信息	开工日期	start_date	—	NA	日期型	O	-	-	N	-
7		竣工日期	completion_date	—	NA	日期型	O	-	-	N	-
8	参与方信息	设计单位名称	design_name	—	NA	文本型	M	-	N	R	I
9		施工单位名称	construction_name	—	NA	文本型	M	-	-	N	I
10		监理单位名称	supervision_name	—	NA	文本型	M	-	-	N	I
11		运维单位名称	maintenance_name	—	NA	文本型	M	-	-	-	N

表 F.0.2-20 通用测量设备数据交换模板

模板名称		通用测量设备数据交换模板									
创建阶段		运维阶段									
创建单位		运维单位									
更新单位		运维单位									
版本号		V *_*									
序号	数据分组	数据名称	字段名称	数据值	单位	数据类型	约束	P	D	C	M
1	身份标识	系统名称	system_name	—	NA	文本型	M	N	R	I	R
2		系统编号	system_code	—	NA	字符型	M	N	R	I	R
3	定位信息	所属项目	project_belonging	—	NA	文本型	M	-	N	I	I
4	参与方信息	运维单位名称	maintenance_name	—	NA	文本型	M	-	-	-	N

表 F.0.2-21 能源系统数据交换模板

模板名称	能源系统数据交换模板
创建阶段	设计阶段
创建单位	设计单位
更新单位	建设单位、运维单位
版本号	V *_*

续表F.0.2-21

序号	数据分组	数据名称	字段名称	数据值	单位	数据类型	约束	P	D	C	M
1	身份标识	系统名称	system_name	—	NA	文本型	M	N	R	I	R
2		系统编号	system_code	—	NA	字符型	M	N	R	I	R
3	定位信息	所属项目	project_belonging	—	NA	文本型	M	-	N	I	I
4		所属标段	belonging_tender	—	NA	文本型	O	-	N	R	-
5		所属工程区域	unit_belonging	—	NA	文本型	M	-	N	I	I
6	建设信息	开工日期	start_date	—	NA	日期型	O	-	-	N	-
7		竣工日期	completion_date	—	NA	日期型	O	-	-	N	-
8	参与方信息	设计单位名称	design_name	—	NA	文本型	M	-	N	R	I
9		施工单位名称	construction_name	—	NA	文本型	M	-	-	N	I
10		监理单位名称	supervision_name	—	NA	文本型	M	-	-	N	I
11		运维单位名称	maintenance_name	—	NA	文本型	M	-	-	-	N

表 F.0.2-22　主变电系统数据交换模板

模板名称	主变电系统数据交换模板
创建阶段	设计阶段
创建单位	设计单位
更新单位	建设单位、运维单位

续表F. 0. 2-22

版本号		V *_*									
序号	数据分组	数据名称	字段名称	数据值	单位	数据类型	约束	P	D	C	M
1	身份标识	系统名称	system_name	—	NA	文本型	M	N	R	I	R
2		系统编号	system_code	—	NA	字符型	M	N	R	I	R
3	定位信息	所属项目	project_belonging	—	NA	文本型	M	-	N	I	I
4		所属标段	belonging_tender	—	NA	文本型	O	-	N	R	-
5		所属工程区域	unit_belonging	—	NA	文本型	M	-	N	I	I
6	技术参数	电压等级	voltage_grade	—	kV	数值型	M	-	N	I	I
7		主变压器选用要求	main_transformer_type	—	NA	文本型	M	-	N	I	I
8		继电保护装置要求	protective_relay_unit_type	—	NA	文本型	M	-	N	I	I
9		接地要求	landing	—	NA	文本型	M	-	N	I	I
10		直流电源	dc_power_supply	—	NA	文本型	M	-	N	I	I
11		蓄电池容量	storage_battery_capacity	—	AH	数值型	M	-	N	I	I
12	建设信息	开工日期	start_date	—	NA	日期型	O	-	-	N	-
13		竣工日期	completion_date	—	NA	日期型	O	-	-	N	-

续表F. 0. 2-22

序号	数据分组	数据名称	字段名称	数据值	单位	数据类型	约束	P	D	C	M
14	参与方信息	设计单位名称	design_name	—	NA	文本型	M	-	N	R	I
15		施工单位名称	construction_name	—	NA	文本型	M	-	-	N	I
16		监理单位名称	supervision_name	—	NA	文本型	M	-	-	N	I
17		运维单位名称	maintenance_name	—	NA	文本型	M	-	-	-	N

F. 0. 3 构件数据交换模板应符合表 F. 0. 3 的相关规定。

表 F. 0. 3 构件数据交换模板

模板名称		某一构件数据交换模板(如梁、板、柱等)									
创建阶段		设计阶段									
创建单位		设计单位									
更新单位		建设单位、运维单位									
版本号		V*_*									
序号	数据分组	数据名称	字段名称	数据值	单位	数据类型	约束	P	D	C	M
1	身份标识	构件名称	component_name	—	NA	文本型	M	-	N	R	R
2		构件类型	component_type	—	NA	文本型	O	-	N	R	R
3		构件编码	component_code	—	NA	字符型	M	-	N	R	R
4		编码标准	code_standard	—	NA	文本型	M	-	N	R	R

续表F. 0. 3

序号	数据分组	数据名称	字段名称	数据值	单位	数据类型	约束	P	D	C	M
5	定位信息	所属项目	project_belonging	—	NA	文本型	M	-	N	I	I
6		所属单体	unit_belonging	—	NA	文本型	M	-	N	I	I
7		所属楼层	floor_belonging	—	NA	文本型	O	-	N	I	I
8		所属空间	space_belonging	—	NA	文本型	O	-	N	I	I
9		所属系统	system_belonging	—	NA	文本型	O	-	N	I	I
10	设计参数	长度	length	—	m	数值型	M	-	N	I	I
11		宽度	width	—	m	数值型	M	-	N	I	I
12		高度	height	—	m	数值型	M	-	N	I	I
13		厚度	thickness	—	m	数值型	M	-	N	I	I
14		深度	depth	—	m	数值型	M	-	N	I	I
15		材质	material	—	NA	文本型	M	-	N	I	I
16		等级	grade	—	NA	文本型	M	-	N	I	I
17		数据 1	—	—	—	—	-	-	-	-	-
18		数据 2	—	—	—	—	-	-	-	-	-
19		数据 3	—	—	—	—	-	-	-	-	-
20		数据…	—	—	—	—	-	-	-	-	-

续表F.0.3

序号	数据分组	数据名称	字段名称	数据值	单位	数据类型	约束	P	D	C	M
21	生产信息	生产厂家	manufacturer		NA	文本型	M	-	-	N	I
22		出厂编号	serial_number	—	NA	字符型	M	-	-	N	I
23		检测报告	test_report	—	—	—	-	-	-	-	-
24		数据1	—	—	—	—	-	-	-	-	-
25		数据2	—	—	—	—	-	-	-	-	-
26		数据3	—	—	—	—	-	-	-	-	-
27		数据…	—	—	—	—	-	-	-	-	-
28	施工信息	施工单位	construction_company	—	NA	文本型	M	-	-	N	I
29		施工日期	construction_date	—	NA	日期型	M	-	-	N	I
29		数据1	—	—	—	—	-	-	-	-	-
30		数据2	—	—	—	—	-	-	-	-	-
31		数据3	—	—	—	—	-	-	-	-	-
32		数据…	—	—	—	—	-	-	-	-	-
33	运维信息	养护时间	maintenance_time	—	NA	日期型	M	-	-	N	R
34		保修期限	warranty_period	—	年	数值型	M	-	-	N	R
35		养护单位	maintenance_unit	—	NA	文本型	M	-	-	N	R

续表F. 0. 3

序号	数据分组	数据名称	字段名称	数据值	单位	数据类型	约束	P	D	C	M
36	运维信息	数据 1	—	—	—	—	-	-	-	-	-
37		数据 2	—	—	—	—	-	-	-	-	-
38		数据 3	—	—	—	—	-	-	-	-	-
39		数据…	—	—	—	—	-	-	-	-	-

附录 G　建设工程领域常见文件交换格式

表 G　建设工程领域常见文件交换格式

序号	类型	具体格式	说明
1	图像(光栅)格式	JPG/GIF/TIF/BMP/PNG/RAW/RLE	光栅格式在紧凑性、每个像素可能包含的颜色数量、透明度、压缩是否带有数据丢失等方面各不相同
2	2D 矢量格式	DXF/DWG/AI/CGM/EMF/IGS/WMF/DGN/PDF/ODF/SVG/SWF	矢量格式因紧凑性、线条格式、颜色、分层和支持的曲线类型方面各不相同。有些是文件格式,有些则是 XML 格式
3	3D 表面和形状格式	3DS/WRL/STL/IGS/SAT/DXF/DWG/OBJ/DNG/U3D/PDF(3D)/PTS/DWF	3D 表面和形状格式根据所表达的表面和边缘的类型、是否表达表面、实体、形状的材料属性(颜色、图像位图和纹理图)或视点信息而有所不同。有些格式同时具有 ASCII 和二进制编码。有些格式包括照明、摄像头和其他视角控制;有些是文件格式,有些则是 XML 格式
4	3D 对象交换格式	STP、EXP、CIS/2、IFC	产品数据模型格式根据自身所呈现的 2D 或 3D 类型来表达几何图形。这些格式携带对象类型数据以及对象之间的相关属性和关系,因此它们所携带的信息内容最为丰富
		AecXML/Obix/AEX/bcXML/AGCxml	这些格式是为交换建筑数据而开发的 XML 模式,它们因交换的信息和支持的工作流程而有所不同
		V3D,X,U,GOF,FACT,COLLADA	多种多样的游戏文件格式,根据表面类型、是否携带分层结构、材料属性类型、纹理和凹凸贴图参数、动画和蒙皮而有所不同
		SHP/SHX/DBF/TIGER/JSON/GML	地理信息系统格式在 2D 或 3D、支持的数据链接、文件格式和 XML 方面有所不同

本标准用词说明

1 为便于在执行本标准条文时区别对待，对于要求严格程度不同的用词说明如下：

1） 表示很严格，非这样做不可的用词：
正面词采用“必须”；
反面词采用“严禁”。

2） 表示严格，在正常情况下均应这样做的用词：
正面词采用“应”；
反面词采用“不应”或“不得”。

3） 表示允许稍有选择，在条件许可时首先应这样做的用词：
正面词采用“宜”；
反面词采用“不宜”。

4） 表示有选择，在一定条件下可以这样做的用词，采用“可”。

2 条文中指明应按其他有关标准、规范执行的写法为“应符合……的规定”或“应按……执行”。

引用标准名录

1 《计算机信息系统安全保护等级划分准则》GB 17859
2 《信息安全技术网络安全等级保护基本要求》GB/T 22239
3 《信息安全技术信息系统安全管理要求》GB/T 20269
4 《信息安全技术网络基础安全技术要求》GB/T 20270
5 《信息安全技术信息系统通用安全技术要求》GB/T 20271
6 《信息技术云数据存储和管理　第1部分:总则》GB/T 31916.1
7 《信息技术备份存储备份技术应用要求》GB/T 36092
8 《建筑信息模型应用统一标准》GB/T 51212
9 《建筑信息模型分类和编码标准》GB/T 51269
10 《建筑信息模型设计交付标准》GB/T 51301
11 《建筑信息模型存储标准》GB/T 51447
12 《信息安全技术云存储系统安全技术要求》GA/T 1347
13 《建筑工程设计信息模型制图标准》JGJ/T 448

上海市工程建设规范

建筑信息模型数据交换标准

DG/TJ 08—2443—2023
J 17375—2024

条 文 说 明

2024　上海

目　次

Contents

1 总 则

1.0.1 本条明确了制定本标准的目的。从国际标准和中国国家标准的编制情况来看，基于建筑信息模型进行全生命期的数据交换是一个复杂而又持续化的信息化过程。尤其在中国的实践还处于初级阶段，基于模型的数据的交换和应用效率较低，主要表现在缺少数据交换标准指导（类似于美国 COBie）和相应软件工具的支撑。只有对数据从创建、存储、传递、访问和存档的整个交换过程中的组织、内容、流程和方式加以约束，才能保障数据的完整性和交换的规范性。因此，本标准将对数据的组织、内容、流程和方式四部分内容进行规定，以规范和引导各参与方提升对数据的交换和应用效率，提升建筑信息化水平，从而形成相应数据资产。

1.0.2 本条明确了基于建筑信息模型数据交换的适用范围。在技术条件相同的情况下，民用建筑、市政给排水、市政道路桥梁等专项建设领域的数据交换可参考本标准建立相关要求，并在各专项标准中进行明确。本标准与其他标准之间的关系详见图 1。

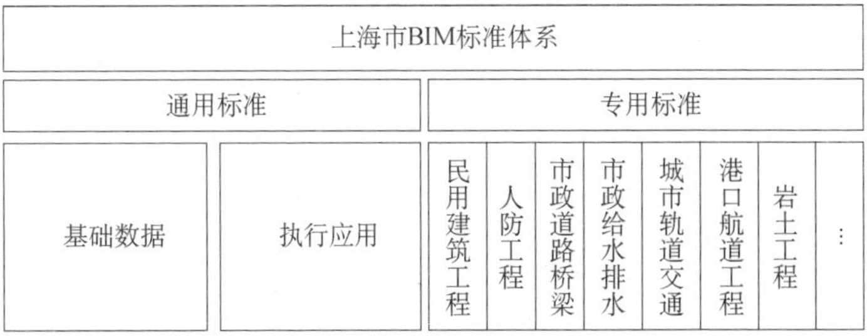

图 1 上海市 BIM 标准体系框架图

1.0.3 本标准为上海市地方标准，建筑信息模型的数据交换除符合本标准外，还应符合国家现行有关标准的规定，主要为《建筑信息模型设计交付标准》GB/T 51301—2018、《建筑信息模型存储标准》GB/T 51447—2021 及《建筑工程设计信息模型制图标准》JGJ/T 448—2018。

2 术 语

2.0.1 本标准"各参与方"主要指围绕常见的DBB工程建设模式下BIM技术应用实施的建设单位、设计单位、施工单位、监理单位和建设单位委托的BIM咨询单位(如有)。

2.0.2 BIM策划文件应在项目的早期阶段制订,随着项目新增参与者的加入而不断发展,并在项目的整个实施阶段根据需要进行监控、更新和修订。该计划应定义项目上BIM实施的范围,确定BIM任务的流程,定义各方之间的数据交换,并描述支持实施所需的项目和公司基础设施。

2.0.3 不同参与方对于建筑信息模型的应用需求不同,各参与方应基于应用需求在接收的模型基础上对数据进行创建和更新,并做好数据的存储和传递。

2.0.4 本条文参考了ISO 23387—2020中关于"data template"的定义"A data template can be used in an information exchange for a specific purpose for a construction object in the inception, brief, design, production, operation and demolition of facilities."不同工程对象的数据交换模板可以有不同的命名,以民用建筑工程领域为例,可以按照建模对象分为项目数据交换模板、单体数据交换模板、楼层数据交换模板、空间数据交换模板、系统数据交换模板、构件数据交换模板等。

2.0.7 基于应用程序编程接口的数据交换方式是实现互操作性的最传统且仍然重要的途径。通过部署应用程序接口,可以实现两个应用程序之间的数据交换。

2.0.9 通用数据环境是指项目各参与方共同指定的数据存储

源，该数据存储源通过标准管理流程对模型和数据进行收集、管理和共享。本标准中规定的通用数据环境通过搭建 BIM 数据库得以实现。

3 基本规定

3.0.1 考虑我国工程实践的习惯，将全生命期划分为规划、设计、施工和运维四个阶段。实现在项目全生命期中基于建筑信息模型的数据交换与共享才能发挥BIM技术的最大价值，也可根据项目实际情况选择若干阶段。

3.0.2 制定BIM策划文件时，应采取“业主牵头，各方参与”的模式，这样才能发挥BIM在全生命期中的价值。其中，建筑信息模型数据交换工作是BIM实施的一部分，BIM策划文件中应明确数据交换的组织、内容、流程和方式等相关内容，并基于BIM策划文件开展后期管理工作。关于BIM策划文件更多内容详见现行上海市工程建设规范《建筑信息模型技术应用统一标准》DG/TJ 08—2201。在BIM技术实施前，建设单位可以自己组建BIM管理团队，亦可在技术力量不够时委托专业的BIM咨询团队提供全过程的BIM咨询服务。当前，依据上海的实践经验，大部分建设单位在BIM领域往往缺少自身的技术力量，通常会委托BIM咨询单位提供全过程的BIM咨询服务，以保障BIM数据价值最大化。因此，BIM咨询单位将基于建设单位的管理需求承担建设单位在项目BIM技术应用及数据交换工作中的部分或全部技术职责。

3.0.3 建设单位在实施搭建BIM数据交换流程时需要考虑实际项目建设管理模式的影响。不同建设管理模式下数据交换流程也不尽相同。同时交换流程需要考虑各参与方的水平和习惯，保障流程得以顺畅执行。

3.0.4 数据交换模板是本标准的核心内容。建设方牵头制定数据交换模板可以保障数据在全生命期中的标准化采集、交换和管理。

3.0.5 为保障数据全生命期的采集、交换、共享和管理，需要各参与协议明确数据交换方式。本标准在第6章将明确三种数据交换方式，分别为基于文件、基于API和基于模型数据库的数据交换方式。目前，模型数据库的交换方式是行业发展的前沿和趋势。因此，本标准鼓励实现基于从现有的基于文件的传统的数据交换方式逐步向基于模型数据库的交换方式进行转变。

3.0.6 数据安全是建筑信息模型数据交换中需要重点考量的因素，数据安全问题始终贯穿全生命期中各参与方之间的数据交换。因此，各参与方需通过事前签订相关协议明确数据交换双方的权利、义务和责任，并采取相应数据安全措施，如安全的软硬件环境、设置操作权限、定期的防灾备份等。

4 数据交换组织与流程

4.1 一般规定

4.1.1 不同建设管理模式下的项目实施模式不尽相同，因此数据交换流程也不尽相同。建设工程中的常见建设管理模式包括传统的设计-招标-施工(DBB)模式、工程总承包(EPC)模式、全过程工程咨询模式和建筑师负责制模式等，不同模式下的数据交换组织不尽相同，对应的流程也不尽相同。本章将基于传统的 DBB 模式进行展开，为其他建设模式下的数据交换提供借鉴。

4.1.2 涉及数据交换的各参与方应明确自身的数据需求，并根据自身对于数据的管理能力，共同明确数据交换的流程和内容，保障数据交换工作能够按照大家一致的习惯和符合各自的能力进行。

4.2 数据交换组织

4.2.1 由于项目实施过程中涉及数据交换的组织过多，且各项目建设模式和组织架构不尽相同，无法穷尽规定。因此，本章仅针对常见 DBB 模式下涉及数据交换的典型组织进行规定，主要包括建设单位、设计单位、施工单位和运维单位。建设工程在实施 BIM 技术时，应采用“业主主导、各方参与”的模式。其中，建设单位可以自己组建 BIM 管理团队，亦可在技术力量不够时委托专业的 BIM 咨询团队提供全过程的 BIM 咨询服务，以改善设计、施工和运维各阶段间的数据交换割裂状态。施工单位亦可根据施工深化需要，委托相应专业分包单位提供如钢结构、幕墙等专项BIM深化设计服务，施工单位应行使总包管理职责，确保专业分包单位提供的数据符合相关要求。具体项目实施时可根据项目实际情况进行组织和职责分工的细化。

4.2.2 建设单位应通过编制项目的BIM策划文件，明确项目中涉及数据交换的各组织的角色和对应的工作职责。

4.2.3 全生命期的数据交换过程中，建设单位(委托的BIM咨询单位)、设计单位、施工单位(包括各专业分包单位)和运维单位将会在数据输出方和数据接收方两种角色之间不断切换。

4.2.4～4.2.8 条文对常见DBB模式下的涉及数据交换的典型组织的数据交换职责进行规定，主要包括建设单位(或其委托的BIM咨询单位)、设计单位、施工单位、监理单位和运维单位。

4.3 数据交换流程

4.3.3 建筑信息模型数据交换主要是通过交换流程来实现的，而交换流程中离不开三个要素，即:交换主体(确保数据交流动作可以被实施，并由参建各方根据其交换职责作为数据输出方或数据接收方来进行确认)、交换任务(数据交换流程实现的核心和关键)、逻辑关系(明确数据交换流程的走向)。

4.3.4 数据的完整性涉及数据能否真实地反映现实世界的数据，因此，数据交付的前数据输出方应进行合规性、完整性和一致性检查。目前市场上的建模和应用软件千差万别，故本条未对应用成果交付的具体格式作出规定。

4.3.5 为保证交换数据的正确、高效实用，数据接收方应对交换数据准确性、协调性和一致性，以及交换数据的内容和格式进行核对及确认。

4.3.6 由于数据庞杂、内容繁多、格式多样，为了减少数据输出方和接收方的责任推诿，应在数据交付的流程上进行规范。数据提供前，双方应对提供数据格式进行明确。一般而言，接收方需要对自己使用数据的正确性和完整性负责，因此，接收方在接收数据前，建议采用书面形式对数据进行核对和确认。

同时，为了保证数据的安全性和可追溯性，数据接收方在接收数据进行利用和传递前，最好能够做好数据的版本管理和备份管理。

4.3.7 泳道流程图横向为数据交换组织，纵向为数据交换涵盖的全生命期各阶段的工作任务及对应的输出成果。采用泳道流程图进行流程的绘制，通过不同类型的符号可以规范数据交换流程，各组织能清楚明确自身工作任务。

现以民用建筑工程领域为例，结合上海实践，绘制常见 DBB 模式下各阶段数据交换流程，具体如下。

1 规划阶段数据交换流程

规划阶段数据交换流程如图 2 所示。

规划阶段数据交换组织包括建设单位、BIM 咨询单位和设计单位，通常也会包括建设单位委托的 BIM 咨询单位。在此阶段，建设单位主导、经和 BIM 咨询单位、设计单位商讨共同创建数据交换模板，并由设计单位进行模型和具体数据创建，由 BIM 咨询单位进行审核，建设单位接收相应成果，并向下一阶段进行传递。

在规划阶段，建设单位和设计单位关心的数据主要包括项目的总体规划相关信息。在民用建筑工程领域，主要包括项目数据交换模板所含的数据，包含项目标识、建设说明、建筑类别或等级、技术经济指标、参与方信息等数据。

规划阶段的数据交换内容同时应满足规划阶段民用建筑工程领域的模型应用目的，如图 2 中所示的三维地址构造可视化、地质体积测算、预先风险性分析等。

2 设计阶段数据交换流程

设计阶段数据交换流程如图 3 所示。

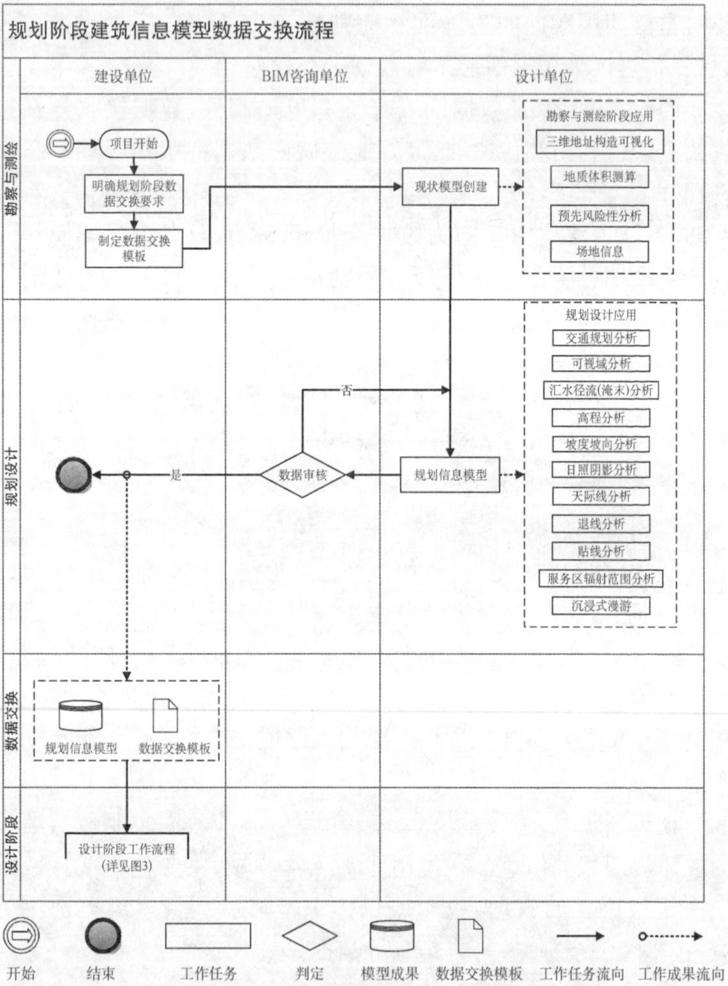

图 2　规划阶段数据交换流程(示例)

在设计阶段,建设工程的参与主体主要是建设单位和设计单位,通常也会包括建设单位委托的 BIM 咨询单位。在此阶段,建

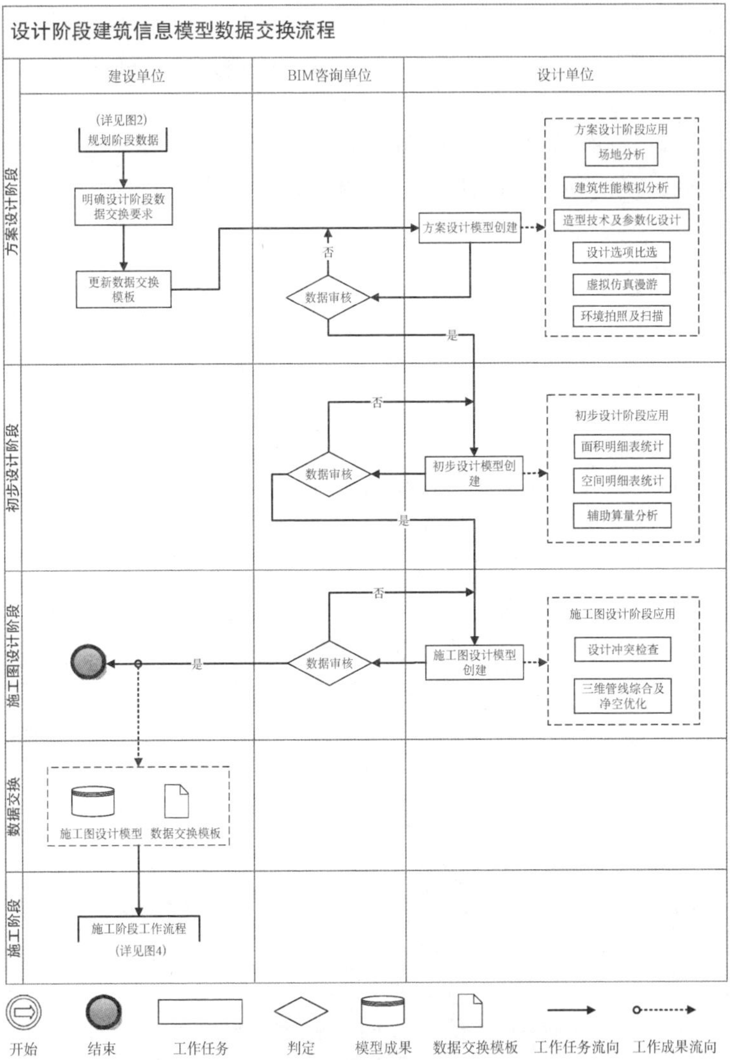

图 3　设计阶段数据交换流程(示例)

设单位负责组织 BIM 咨询单位、设计单位共同商讨在接收规划阶段数据模板的基础上再继续创建新的数据交换模板，并由设计单位进行模型和具体数据创建，由 BIM 咨询单位进行审核，建设单位接收相应成果，并向下一阶段进行传递。

在设计阶段，建设单位和设计单位关心的数据主要包括项目的具体投资、合同管理、设计等信息。在民用建筑工程领域，在继承项目数据交换模板的基础之上，还宜建立单体、楼层、空间、系统、构件、设备和产品数据交换模板，并创建和更新相应数据。

设计阶段的数据交换内容同时应满足设计阶段民用建筑工程领域的模型应用目的，如图 3 中所示的场地分析、建筑性能模拟、造型技术及参数化设计等应用。

3 施工阶段数据交换流程

施工阶段数据交换流程如图 4 所示。

在施工阶段，建设工程的参与主体主要是建设单位和施工单位，通常也会包括建设单位委托的 BIM 咨询单位。在此阶段，建设单位负责组织 BIM 咨询单位、监理单位、施工单位共同商讨在接收设计阶段数据模板的基础上结合运维管理要求，再继续创建新的数据交换模板，并由施工单位进行模型和具体数据创建，由 BIM 咨询单位和监理单位进行准确性和完整性审核，建设单位接收相应成果，并向下一阶段进行传递。

在施工阶段，建设单位和施工单位关心的数据主要包括项目的具体构件、设备等设计参数、施工安装过程等信息，并提前考虑运维需求。在民用建筑工程领域，施工阶段在继承项目、单体、楼层、空间、系统、构件、设备和产品数据交换模板基础之上，创建和更新数据交换模板中的数据及数据值。

施工阶段的数据交换内容同时应满足施工阶段民用建筑工程领域的模型应用目的，如图 4 中所示的招投标辅助、各专业深化设计、施工场地规划等应用。

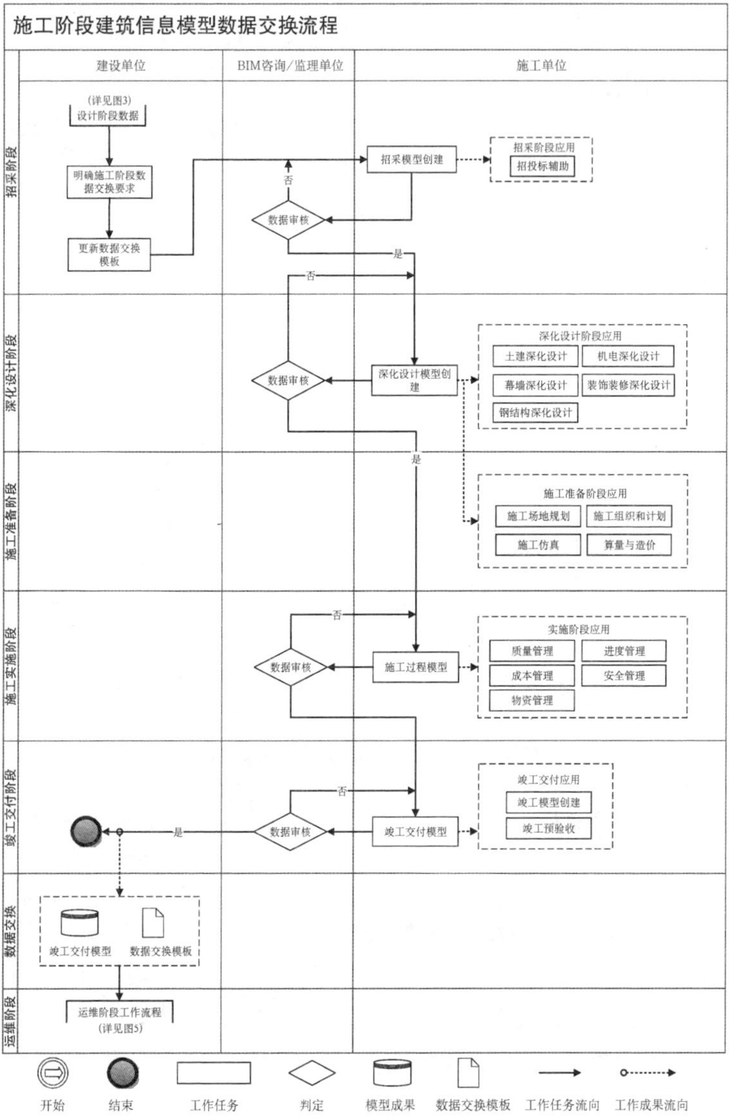

图 4　施工阶段数据交换流程(示例)

4 运维阶段数据交换流程

运维阶段数据交换流程如图 5 所示。

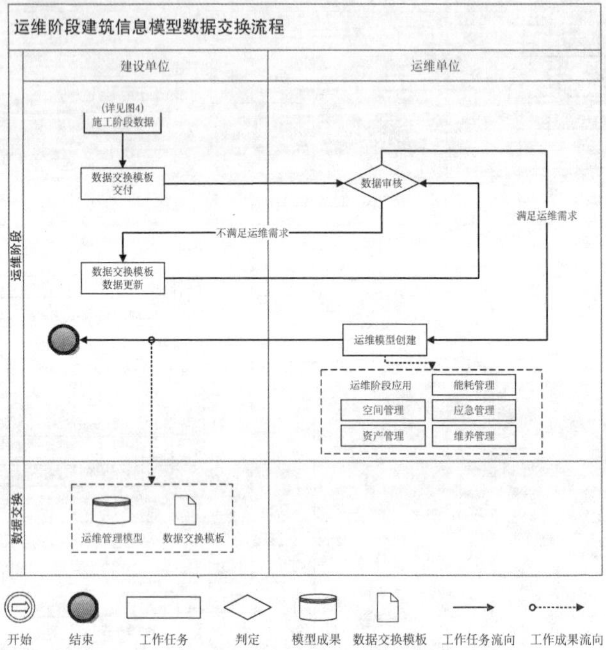

图 5　运维阶段数据交换流程(示例)

在竣工交付阶段,不同的接收主体对于竣工交付模型及数据交换模板要求不同,如城建档案馆、验收备案单位和运维单位,均不尽相同。因此,在竣工交付阶段,建设单位应满足不同接收对象的建筑信息模型及数据要求。此处以交付对象为运维单位为例。

在运维阶段,建设工程的参与主体主要是建设单位和运维单位。在此阶段,由建设单位将竣工交付模型及数据交换模板交付给运维单位。

运维单位关心的数据主要为实施设备的相关参数、维保等数据。在民用建筑工程领域,运维阶段在上文施工阶段的各类数据交换模板基础之上，创建和更新数据交换模板中的数据及数据值。

运维阶段数据交换内容应满足运维阶段的模型应用目的，如图 5 中所示的空间管理、应急管理、资产管理、能耗管理和维养管理等应用。

注：1. 以上内容为民用建筑工程领域流程绘制示例，其他专项领域可参考。

2. 以上为 DBB 模式下的流程，工程总承包(EPC)模式、全过程工程咨询模式和建筑师负责制模式可结合自身实际情况，参照以上流程绘制。不同模式需关注以下不同要点：

(1) 工程总承包(EPC)模式下，涉及的单位应包括建设单位(包括委托的 BIM 咨询单位)、工程总承包单位、监理单位。设计单位和施工单位的合并将减少数据在设计和施工跨阶段传递过程中的矛盾，但仍需要做好工程总承包单位内部的协作。

(2) 全过程工程咨询模式下，涉及的单位应包括建设单位、全过程工程咨询单位、设计单位、施工总承包单位。全过程工程咨询单位将承担原来的 BIM 咨询和监理等职责，因此全过程工程咨询单位需要在数据交换全生命期内，做好整体的数据策划及全过程的数据管控。

(3) 建筑师负责制模式下，涉及的单位应该包括建设单位、建筑师及团队和施工总承包单位，建筑师及团队将承担原来的设计、BIM 咨询、监理等职责，随着参建单位进一步的合并减少，对建筑师及团队的水平提出了更高的要求。因此，在数据交换过程中，需要由建筑师及团队做好整体的数据策划、设计阶段的实施及施工阶段的管控。

5 数据交换内容

5.1 一般规定

5.1.1 数据交换内容会随着工程阶段的发展而逐步深入和丰富。

5.1.2～5.1.4 此处关于数据交换内容的划分参考了国家标准《建筑信息模型设计交付标准》GB/T 51301—2018。其中，数据交换模板是根据各阶段以及各参与方之间应用需求定义的一系列标准数据模板。人机信息交互时，为了快速地掌握模型单元所承载的信息，以及高效的数据定位，有必要使用数据模板规范数据条目组织，避免陷入“数据海洋”。

5.1.5 模型单元的编码应作为模型属性数据输入模型中，其对应分类编码标准应符合国家标准的相关规定。同时，上海市标准规范体系中各专项标准已有对各业态模型分类与编码的规定，如有冲突，宜以上海市专项标准为准。

5.1.6 数据交换模板面向的用户应有各参与方工程人员和软件开发人员。满足前者在工程实际应用需求，同时指导软件开发人员进行相关 BIM 二次开发，如基于数据交换模板开发各建模软件的数据交换插件，提升数据批量导入导出效率。

5.2 数据交换模板要求

5.2.1 国家标准《建筑信息模型设计交付标准》GB/T 51301—2018 中将模型单元的精细度一共划分为四级——项目级、功能级、构件级和零件级。该分级梯度较少，且分布不均匀，在功能级和构件级之间存在一个明显的技术难度的断层，项目级和功能级都是相对粗略的，而构件级到零件级则指向了非常高的设计精度。该分级规则在当时非常匹配我国的 BIM 发展状况，但随着上海 BIM 技术应用的不断成熟，对模型精细度要求的不断提高，该规则需要进一步细化。尤其是不同专业领域的建模及分类规则不尽相同，各专业具体分级建立规则可参考本标准第 5.3～5.7 节。如第 5.3 节中的民用建筑工程领域，分为项目数据、单体数据、楼层数据、系统数据、空间数据和构件数据共 6 类模板。其中，项目数据、单体数据可以对应为国家标准《建筑信息模型设计交付标准》GB/T 51301—2018 中的项目级；楼层、系统、空间可以对应为功能级；构件则对应为构件级；作为组成构件级单元的零件级，由于太细小无法枚举，因此本标准没有罗列。

5.2.2 数据交换模板的内容参考了行业标准《建筑工程设计信息模型制图标准》JGJ/T 448—2018。该标准的数据交换模板解决了需要哪些（What）数据的技术层面的问题，但并没有解决相关管理问题——即“什么人（Who）在什么阶段（When）对数据做了哪些工作（How）”。因此，本标准在制定数据交换模板时，在参考《建筑工程设计信息模型制图标准》JGJ/T 448—2018 的基础上进行了以上拓展。

创建阶段是指模板的创建阶段，模板中所包括的不同的数据将在不同的阶段由各自单位进行创建。同样，创建单位是指创建模板的单位，更新单位是指后续负责模板数据更新的单位。数据交换模板中包括的数据条目繁多，因此需要进行合理的规划和整理，以满足明确和清晰的原则。

首先，对纷繁错杂的数据进行分组。国家标准《建筑信息模型设计交付标准》GB/T 51301—2018 已规定了数据的分组，本标准在参考该标准基础上，对各数据模板中的数据分组进行的规定。数据分组的目的是帮助各参与方快速定位所需数据。

其次，需要明确数据名称与其一一对应的字段名称，实现自然语言与计算机语言的统一和协调。同时，数据名称应根据工程应用需求、工程对象特征按条目逐一列举，有利于查询和迭代。为了准确描述现实世界事物，并可以用物理符号记录鉴别信息，数据的类型需要明确分为数值型、文本型、日期型、字符型和逻辑型。

可以计量的数据，有必要明确计量单位，才能保证数据的准确性。

数据按照重要性程度划分为必填和可填，以辅助项目各参与方选择。

最后，为了明确数据交换过程中的数据何时被创建、继承和更新的具体操作，需明确阶段编号和对应的数据交换职责。数据及其对应的值在全生命期流转过程中会出现变化，因此在创建、流转和继承后，应由相应单位进行更新。

5.2.3 由于工程的多样性和独特性，数据无法枚举穷尽，以民用建筑工程业态为例，本标准附录 B 只能列举常见数据名称，供项目人员进行选择。同时，亦可根据项目实际需要，在模板数据分组的基础上，拓展新的数据名称，以有利于各参与方快速定位数据。

5.2.4 数据可以存储至模型，也可以存储为 Excel、STEP、ifcXML、SpreadsheetML 等数据交付格式。

5.2.5 民用建筑、人防工程、市政道路桥梁、市政给水排水、轨道交通等专项领域应基于本标准相关要求，制定相关数据交换模板进行数据交换。

5.2.6 前文的数据交换模板明确了数据交换的内容及对应数据的操作（创建、继承和更新），但没有明确具体的组织（Who）。因此，需要结合各参与方职责明确对应数据的操作。在国际上的项目管理方案工具中，通常会运用职责矩阵（Matrix Responsibility）来详细划分各参与方关于数据的操作职责。表1所示职责矩阵参考了 COBie（Construction Operations Building

Information Exchange)标准中的 COBie 职责矩阵(COBie Matrix Responsibility),并结合本标准实际进行了修改。项目具体执行时可以参考使用。

表 1 职责矩阵

序号	项目参与方	联系人姓名	联系人电话	颜色代码
1	建设单位			(250.191.142)
2	BIM 咨询单位			(146.205.220)
3	设计单位			(177.160.199)
4	施工总承包单位			(196.215.148)
5	专业分包 A			(149.179.215)
6	专业分包 B			(83.141.213)
7	监理单位			(148.138.84)
8	运维单位			(146.208.80)

注:应用方法如下:

1 表中"项目参与方"列中列出参与全生命期数据交换模板中数据值的创建、继承和更新的每一家公司,如有必要可以增加行数以容纳所有公司,每个公司应提供联系人信息,以确保数据工作的展开。

2 为每一家公司分配一个独立的颜色代码。

3 基于制定好数据交换模板,在 P/D/C/M 列所对应的单元格中填充合适的颜色,以表明该工作的责任主体。

4 保存制定好的数据交换模板文件,转化为 PDF 格式并标注日期,分发给项目团队。

5.3 民用建筑工程领域数据交换模板要求

5.3.1 民用建筑工程领域数据交换模板参考 COBie 标准并结合上海工程实践调整后确定。COBie 标准共有 18 张表,包括人员表(Contact)、设备表(Facility)、楼层表(Floor)、空间表(Space)、区域表(Zone)、类型表(Type)、组件表(Component)、系统表(System)、装配表(Assembly)、连接表(Connection)、影响表(Impact)、备件表(Spare)、资源表(Resource)、工作表(Job)、文件表

(Document)、属性表(Attribute)、坐标表(Coordinate)和问题表(Issue)。根据国内参建各方需要的信息类型以及项目实践，经过研究，从面向对象和建模的角度，将本领域数据交换表划分为6张表，包括项目数据交换模板(Project)、单体数据交换模板(Building)、楼层数据交换模板(Floor)、空间数据交换模板(Space)、系统数据交换模板(System)、构件数据交换模板(Component)。项目由一个或多个单体组成；单体由一个或多楼层组成；楼层由一个或多空间组成；房间是封闭的空间；空间可以是封闭的，也可以是开放的；构件是指构成单体、楼层、空间等上层模型的单元、设备、产品或要素。

其中，项目、单体可以对应为国家标准《建筑信息模型设计交付标准》GB/T 51301—2018 中的项目级模型单元；楼层、系统、空间可以对应为功能级模型单元；构件对应为构件级模型单元；作为组成构件级模型单元的零件级，由于太细小无法枚举，因此本标准没有罗列。民用建筑工程的项目级(项目、单体)、功能级(楼层、系统、空间)应符合本标准附录 B 的相关规定，而构件级工程对象太多且各数据情况比较复杂，本标准将不一一枚举制定数据交换模板，仅制定通用型数据交换模板以作为示意性规定。构件级数据交换模板相关内容宜在民用建筑工程领域专项标准中进一步明确。另外，在实际操作中，应根据引用需求完善以上数据交换模板，补充所需数据、数据值等重要字段。

5.3.2 项目数据交换模板详见本标准附录 B. 0. 1。下面对附录 B. 0. 1 进行解读。

模板名称为某一项目数据交换模板(如上海中心大厦)，即表明该数据交换模板所包括的数据面向项目层级模型单元；创建阶段为规划阶段，即表示该模板在规划阶段创建；创建单位为建设单位，即表示该模板由建设单位创建；更新单位为建设单位和运维单位，即表示该模板创建后在设计、施工和运维阶段分别由建设单位和运维单位负责更新，更新的主要内容为数据名称是否有更新、对应的数据值是否更新等；版本号则根据项目习惯制定，不再赘述。

其他内容以“项目名称”这一数据名称为例，进行解读。

“项目名称”这一数据名称属于项目标识；对应的计算机数据库识别的字段为 project_name，为工程业务领域语言和计算机数据领域语言实现映射和统一；“项目名称”对应的数据值填写应为文本型，比如“上海中心大厦”，在计算机语言中为文本型；约束为M，即该数据名称是重要性很高，需强制性填写；该数据值将在规划阶段(P)被创建(N)，设计阶段(D)和施工阶段(C)被继承(I)，在运维阶段(M)被更新(R)，即运维阶段的项目名称可能会有变化。

最后，在 P/D/C/M 各阶段的工作由哪些单位负责相应的N/I/R，在策划文件中明确各参与方关于数据的职责。一般情况下，P/D 阶段为设计单位负责，C 阶段为施工单位，M 阶段为运维单位。具体项目应结合建设模式和组织架构，在策划文件中明确。

5.3.3 单体数据交换模板详见本标准附录 B.0.2。下面对附录 B.0.2 进行解读。

模板名称为某一单体数据交换模板（如 1# 楼-行政办公楼），即表明该数据交换模板所包括的数据面向单体层级模型单元；创建阶段为设计阶段，即表示该模板在设计阶段创建；创建单位为设计单位，即表示该模板由设计单位创建；更新单位为建设单位和运维单位，即表示该模板创建后在设计、施工和运维阶段分别由建设单位和运维单位负责更新，更新的主要内容为数据名称是否有更新、对应的数据值是否更新等；版本号则根据项目习惯制定，不再赘述。

其他内容同条文说明 5.3.2 条，不再赘述。

5.3.4 楼层数据交换模板详见本标准附录 B.0.3。下面对附录 B.0.3 进行解读。

模板名称为某一楼层数据交换模板(如1#楼-行政办公楼-第1层),即表明该数据交换模板所包括的数据面向楼层级模型单元;创建阶段为设计阶段,即表示该模板在设计阶段创建;创建单位为设计单位,即表示该模板由设计单位创建;更新单位为建设单位和运维单位,即表示该模板创建后在设计、施工和运维阶段分别由建设单位和运维单位负责更新,更新的主要内容为数据名称是否有更新,对应的数据值是否更新等;版本号则根据项目习惯制定,不再赘述。

其他内容同条文说明 5.3.2 条,不再赘述。

5.3.5 空间数据交换模板详见本标准附录 B.0.4。下面对附录 B.0.4 进行解读。

模板名称为某一空间数据交换模板(如某一建筑中的区域 A),即表明该数据交换模板所包括的数据面向空间级模型单元;创建阶段为设计阶段,即表示该模板在设计阶段创建;创建单位为设计单位,即表示该模板由设计单位创建;更新单位为建设单位,即表示该模板创建后在设计、施工和运维阶段由建设单位负责更新,更新的主要内容为数据名称是否有更新,对应的数据值是否更新等;版本号则根据项目习惯制定,不再赘述。

其他内容同条文说明 5.3.2 条,不再赘述。

5.3.6 系统分为给水排水系统、暖通空调系统、电气系统、智能化系统和动力系统,其数据交换模板详见本标准附录 B.0.5-1～B.0.5-5。内容同条文说明 5.3.2 条,不再赘述。

5.3.7 建筑工程领域常见构件按照专业可划分为场地工程构件(道路、停车场、广场、人行道、园林、附属设施等)、建筑工程构件(墙、柱、梁、板、楼梯、栏杆、雨篷、阳台)、结构工程构件(混凝土构件、钢结构构件)、给水排水构件(供水设备、排水设备、水处理设备、消防设备、管道及附件等)、暖通空调构件(热源设备、水系统设备、供暖设备、通风除尘及防排烟设备等)、电气工程构件(变压器、配电柜、发电机)、智能化系统设备构件(通信设备、建筑设备管理系统设备、火灾报警设备、安防设备）和动力工程构件（锅炉、汽轮机、供燃气设备、供油设备）等。

由于构件级（构件、设备和产品）工程对象太多且各数据情况比较复杂，本标准将不一一枚举制定数据交换模板，仅制定通用型数据交换模板以作为示意性规定，详见本标准附录 B.0.6。

5.4 人防工程领域数据交换模板要求

5.4.1 人防工程领域作为民用建筑工程领域的一部分，其模板分类原则可参考民用建筑工程领域的划分原则，即项目—单体—楼层—空间—系统—构件。

5.4.2 项目中涉及人防工程的数据分为项目数据、空间数据、系统数据和构件数据四类，因此人工工程模板分为项目、空间、系统和构件四类数据交换模板。

5.4.3 人防工程领域作为民用建筑工程领域的一部分，各项目数据、空间数据、系统数据、构件数据交换模板创建时应考虑涉及平战转换等人防要求。

5.4.4～5.4.7 数据模板中的数据均为人防要求数据，其逻辑参考民用建筑工程领域，此处不再赘述，详见本标准附录 C。

5.5 市政道路桥梁领域数据交换模板要求

5.5.1 根据国内参建各方需要的信息类型以及项目实践，经过研究，从面向对象和建模的角度，将市政道路桥梁领域数据交换表划分为七类，包括项目数据交换模板、标段数据交换模板、道路路线数据交换模板、道路路面数据交换模板、道路路基数据交换模板、桥梁单体数据交换模板和构件数据交换模板。项目由多个标段组成；标段由道路和桥梁组成；道路由路线、路面、路基和道路构件（道路附属物、道路设施）等组成；桥梁由桥梁构件组成。

其中，项目、标段可以对应国家标准《建筑信息模型设计交付标准》GB/T 51301—2018 中的项目级模型单元；道路路线、道路路面、道路路基和桥梁单体可以对应为功能级模型单元；构件对应为构件级模型单元；作为组成构件级模型单元的零件级，由于太细小无法枚举，因此本标准没有罗列。市政道路桥梁领域的项目级（项目、标段）、功能级（道路路线、道路路面、道路路基、桥梁单体）应符合本标准附录 D 的相关规定，而构件级（道路附属物、道路设施、桥梁构件和桥梁附属物等）工程对象太多且各数据情况比较复杂，本标准将不一一枚举制定数据交换模板，仅制定通用型数据交换模板以作为示意性规定。构件级数据交换模板相关内容宜在市政道路桥梁领域专项标准中进一步明确。另外，在实际操作中，应根据引用需求完善以上数据交换模板，补充所需数据、数据值等重要字段。

5.5.2 项目数据交换模板详见本标准附录 D.0.1。下面对附录 D.0.1 进行解读。

项目数据交换模板名称为某一项目数据交换模板，即表明该数据交换模板所包括的数据面向项目层级模型单元；创建阶段为规划阶段，即表示该模板在规划阶段创建；创建单位为建设单位，即表示该模板由建设单位创建；更新单位为建设单位和运维单位，即表示该模板创建后在设计、施工和运维阶段分别由建设单位和运维单位负责更新，更新的主要内容为数据名称是否有更新、对应的数据值是否更新等；版本号则根据项目习惯制定，不再赘述。

其他内容以“项目名称”这一数据名称为例，进行解读。

“项目名称”这一数据名称属于项目标识；对应的计算机数据库识别的字段为 project_name，为工程业务领域语言和计算机数据领域语言实现映射和统一；“项目名称”对应的数据值填写应为文本型，比如“卢浦大桥”，在计算机语言中为文本型；约束为 M，即该数据名称重要性很高，需强制性填写；该数据值将在规划阶段(P)被创建(N),设计阶段(D)和施工阶段(C)被继承(I),在运维阶段(M)被更新(R),即运维阶段的项目名称可能会有变化。

最后,在P/D/C/M各阶段的工作由哪些单位负责相应的N/I/R,在策划文件中明确各参与方关于数据的职责。一般情况下,P/D阶段为设计单位负责,C阶段为施工单位,M阶段为运维单位。具体项目应结合建设模式和组织架构,在策划文件中明确。

5.5.3～5.5.7 条文针对标段、道路路线、道路路面、道路路基、桥梁五个对象及对应数据交换模板进行了类似条文说明5.5.2条的规定,此处不再进行解释。

5.5.8 市政道路桥梁领域常见构件按照专业可划分为道路附属物构件(道路管涵、边坡、挡墙等)、道路设施数据(道路交安设施、照明设施、排水设施、景观设施等其他附属专业设施等)、桥梁构件(主梁、桥台、桥墩、基础等)、桥梁附属物(防撞护栏、伸缩缝、支座、梁顶找平层、铺装、桥面排水系统)等。

由于构件级(构件、设备和产品)工程对象太多且各数据情况比较复杂,本标准将不一一枚举制定数据交换模板,仅制定通用型数据交换模板以作为示意性规定,详见本标准附录D.0.7。

5.6 市政给排水领域数据交换模板要求

5.6.1 根据国内参建各方需要的信息类型以及项目实践,经过研究,从面向对象和建模的角度,将市政给排水领域数据交换表划分为九类,包括项目数据交换模板、标段数据交换模板、给水排水管网工程系统数据交换模板、给水排水管网工程附属构筑物数据交换模板、给水厂(站)工程系统数据交换模板、给水厂(站)工程构筑物数据交换模板、排水厂(站)工程系统数据交换模板、排水厂(站)工程构筑物数据交换模板和市政给水排水工程构件数据交换模板。

项目由多个标段组成；标段由给水排水管网工程系统、给水厂（站）工程系统数据、排水厂（站）工程系统组成；系统又由给水排水管网工程附属构筑物、给水厂（站）工程构筑物、排水厂（站）工程构筑物、市政给水排水工程构件等各类构件组成。

其中，项目、标段可以对应国家标准《建筑信息模型设计交付标准》GB/T 51301—2018 中的项目级模型单元；给水排水管网工程系统、给水厂（站）工程系统数据、排水厂（站）工程系统可以对应为功能级模型单元；给水排水管网工程附属构筑物、给水厂（站）工程构筑物、排水厂（站）工程构筑物、市政给水排水工程构件对应为构件级模型单元；作为组成构件级模型单元的零件级，由于太细小无法枚举，因此本标准没有罗列。市政给排水领域的项目级（项目、标段）、功能级[给水排水管网工程系统、给水厂（站）工程系统数据、排水厂（站）工程系统]和构件级[给水排水管网工程附属构筑物、给水厂（站）工程构筑物、排水厂（站）工程构筑物、市政给水排水工程构件]应符合本标准附录 E 的相关规定。其中，功能级和构件级工程对象太多且各数据情况比较复杂，本标准将不一一枚举制定数据交换模板，仅制定通用型数据交换模板以作为示意性规定。功能级和构件级数据交换模板相关内容宜在市政给排水领域专项标准中进一步明确。另外，在实际操作中，应根据引用需求完善以上数据交换模板，补充所需数据、数据值等重要字段。

5.6.2 项目数据交换模板详见本标准附录 E.0.1。下面对附录 E.0.1 进行解读。

项目数据交换模板名称为某一项目数据交换模板，即表明该数据交换模板所包括的数据面向项目层级模型单元；创建阶段为规划阶段，即表示该模板在规划阶段创建；创建单位为建设单位，即表示该模板由建设单位创建；更新单位为建设单位和运维单位，即表示该模板创建后在设计、施工和运维阶段分别由建设单位和运维单位负责更新，更新的主要内容为数据名称是否有更新、对应的数据值是否更新等；版本号则根据项目习惯制定，不再赘述。

其他内容以“项目名称”这一数据名称为例，进行解读。

“项目名称”这一数据名称属于项目标识；对应的计算机数据库识别的字段为 project_name，为工程业务领域语言和计算机数据领域语言实现映射和统一；“项目名称”对应的数据值填写应为文本型，比如“竹园污水处理厂”，在计算机语言中为文本型；约束为 M，即该数据名称是重要性很高，需强制性填写；该数据值将在规划阶段（P）被创建（N），设计阶段（D）和施工阶段（C）被继承（I），在运维阶段（M）被更新（R），即运维阶段的项目名称可能会有变化。

最后，在 P/D/C/M 各阶段的工作由哪些单位负责相应的 N/I/R，在策划文件中明确各参与方关于数据的职责。一般情况下，P/D 阶段为设计单位负责，C 阶段为施工单位，M 阶段为运维单位。具体项目应结合建设模式和组织架构，在策划文件中明确。

5.6.3～5.5.10 条文针对标段、给水排水管网工程系统、给水排水管网工程附属构筑物、给水厂（站）工程系统、给水厂（站）工程构筑物、排水厂（站）工程系统、排水厂（站）工程构筑物、市政给水排水工程构件 8 个对象及对应数据交换模板进行了类似条文说明 5.6.2 条的规定，此处不再进行解释。

5.7 轨道交通领域数据交换模板要求

5.7.1 轨道交通领域参考国家标准《城市轨道交通设施设备分类与代码》GB/T 37486—2019 中设施设备分类方式，同时结合项目数据交换，确定该领域数据交换表共 3 张，包括项目信息交换模板（Project）、系统信息交换模板（System）和构件信息交换模板（Component）。项目为一条轨道交通线路；系统为轨道交通的

22 类专业或系统，包括土建设施、线路、车辆、通风空调与供暖、给排水等系统；系统具体参见国家标准《城市轨道交通设施设备分类与代码》GB/T 37486—2019 第 5.3.4.2 条中的有关规定；构件是指构成 22 类系统的产品、设备等单元或要素。

其中，项目可以对应为国家标准《建筑信息模型设计交付标准》GB/T 51301—2018 中的项目级模型单元；系统可以对应为功能级模型单元；构件对应为构件级模型单元；作为组成构件级模型单元的零件级，由于太细小无法枚举，因此本标准没有罗列。轨道交通领域的项目级（项目）、功能级（系统）应符合本标准附录 F 的相关规定，而构件级工程对象太多且各数据情况比较复杂，本标准将不一一枚举制定数据交换模板，仅制定通用型数据交换模板以作为示意性规定。构件级数据交换模板相关内容宜在轨道交通领域专项标准中进一步明确。另外，在实际操作中，应根据引用需求完善以上数据交换模板，补充所需数据、数据值等重要字段。

5.7.2 项目数据交换模板详见本标准附录 F.0.1。下面对附录 F.0.1 进行解读。

项目数据交换模板名称为某一项目数据交换模板，即表明该数据交换模板所包括的数据面向项目层级模型单元；创建阶段为规划阶段，即表示该模板在规划阶段创建；创建单位为建设单位，即表示该模板由建设单位创建；更新单位为建设单位和运维单位，即表示该模板创建后在设计、施工和运维阶段分别由建设单位和运维单位负责更新，更新的主要内容为数据名称是否有更新、对应的数据值是否更新等；版本号则根据项目习惯制定，不再赘述。

其他内容以“项目名称”这一数据名称为例，进行解读。

“项目名称”这一数据名称属于项目标识；对应的计算机数据库识别的字段为 project_name，为工程业务领域语言和计算机数据领域语言实现映射和统一；“项目名称”对应的数据值填写应为文本型，比如“轨交 14 号线”，在计算机语言中为文本型；约束为 M，即该数据名称重要性很高，需强制性填写；该数据值将在规划阶段（P）被创建（N），设计阶段（D）和施工阶段（C）被继承（I），在运维阶段（M）被更新（R），即运维阶段的项目名称可能会有变化。

最后，在 P/D/C/M 各阶段的工作由哪些单位负责相应的 N/I/R，在策划文件中明确各参与方关于数据的职责。一般情况下，P/D 阶段为设计单位负责，C 阶段为施工单位，M 阶段为运维单位。具体项目应结合建设模式和组织架构，在策划文件中明确。

5.7.3，5.7.4 条文针对系统和构件 2 个对象及对应数据交换模板进行了类似条文说明 5.7.2 条的规定，此处不再进行解释。

6 数据交换方式

6.1 一般规定

6.1.1 BIM技术的应用需要一系列BIM软件间的相互协同配合进行数据的交换和共享。但由于不同的BIM软件采用不同的数据格式，导致各个软件间的数据传递会存在信息丢失的现象。BIM软件互操作性是衡量数据信息能否在软件间进行完整传递的标准。

注：互操作性是在应用程序之间交换数据的能力，它使工作流程更加流畅，有时还有助于实现自动化。

6.1.3 无论选择哪种数据交换方式，都需要实现基于数据交换模板的数据交换内容为目标，保障数据内容在各参与方之间的有效交换和共享。

6.2 基于文件的数据交换

6.2.2 不同的BIM软件公司会开发自己的数据模型及对应格式，如Autodesk定义的DXF和RVT，Graphisoft定义的PLN和Bentley义的DGN。

6.2.3 目前两种主要的标准数据模型为工业基础类（IFC，Industry Foundation Classes）和钢结构集成标准（CIS/2，CIM steel Integration Standard Release2）。前者由国际组织building SMART Intenational(bSI)制定并维护（ISO 16739），用于建筑规划、设计、施工和管理。目前IFC得到了大多数软件公司的广泛支持，也在推动IFC向道路（Roads）、桥梁（Bridges）和铁路

(Railways)等基础设施领域的延伸，并得到了法国、日本、韩国、荷兰等国家的支持，同时也是我国着力推广的标准；CIS/2 则是由美国钢结构协会和英国钢结构协会支持的用于结构钢设计、分析和制造的行业数据标准，目前已经广泛应用于北美钢结构工程和制造领域。本标准主要以工业基础类为主要的标准数据模型。

6.2.4 工业基础类是目前我国认可并推广的国际性数据交换标准。国家标准《建筑信息模型数据存储标准》GB/T 51447—2021 便是在参考 ISO 16739 基础上编制而成的。

6.3 基于程序接口的数据交换

6.3.1 程序编程接口（API，Application Programming Interface），是一组定义、程序及协议的集合，通过 API 实现计算机软件之间的相互通信。在建筑信息模型的设计软件领域，很多软件公司会部署专有接口在自己公司的产品系列中，如 ArchiCAD 的 GDL、Revit 的 Open API 或 Bentley 的 MDL，以方便其他软件通过该专有编程接口实现对模型数据的接收。但往往以上专有接口所支持的交换功能和开放范围由该家公司不同部门或若干家公司(签署的数据交换协议)确定。

6.3.2 程序编程接口可以通常会采用 Java、PHP、C＃、Python、C/C＋＋、Ruby、Scala 或 Visual Basic 等一种或多种后端语言开发搭建，提供了数据存储、通信、各类服务等功能。一般是使用 HTTP 协议进行通信，使用 JSON 格式序列化返回接口结果和数据。

6.4 基于模型数据库的数据交换

6.4.1 基于模型数据库的数据交换是一种通过数据库管理系统(DBMS)交换数据的方式，其交换方式详见图 6。通过在普遍使

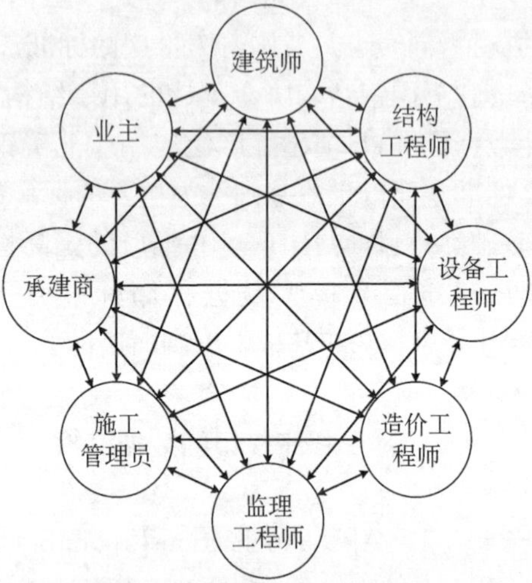

(a) 以前采用点对点方式进行信息交流

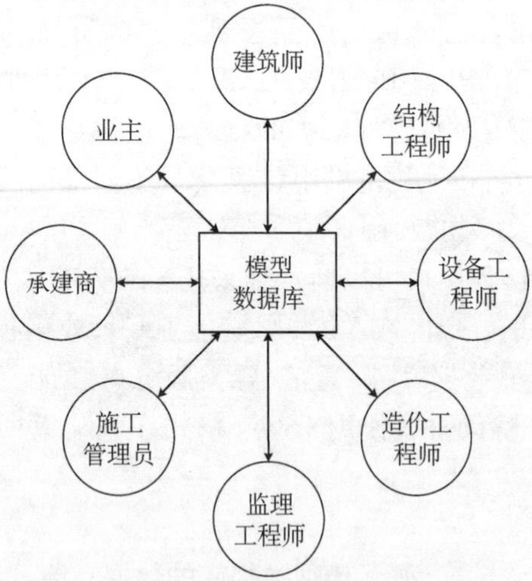

(b) 基于模型数据库实现了信息集成与共享

图 6　基于模型数据库的数据交换示意图

用的数据中开发专属管理 BIM 模型的数据库，实现对 BIM 模型的集中统一管理，减少数据转换的环节，避免数据丢失、传递缓慢等问题。一般情况下，模型数据库应由建设单位获取委托的 BIM 咨询单位开发，并部署至基于文件的项目管理信息系统（PMIS），实现对模型对象的管理。在整个数据体系分类中，基于 BIM 的对象数据将作为数据中的一种，通过 BIM 模型为载体进行采集，并在模型数据中进行分类存储、交换、分析和应用。

6.4.2 区别于传统的基于模型文件的管理，模型数据库可以提供基于对象的管理，即能够对模型对象（例如柱、梁和板）进行解析，实现对对象级模型的数据的应用。与对象级的数据管理相比，文件级的数据管理有以下缺点：

1 系统无法判断设计的哪些部分被谁修改过。

2 用户不能直接从数据库中的模型中查询数据。例如，用户无法从存储在数据库中的模型中获取有关楼层上的列数的信息。

3 无法从模型文件中提取模型的子集。

4 用户不能直接与数据库中的模型进行交互，也不能进行向有问题的列添加注释等活动。

5 不同的访问权限不能按数据类型分配给不同的用户。

6 当多个用户在同一个设计上工作时，会出现同步问题。文件级数据管理没有解决同步问题的功能。

6.4.3 模型数据库是旨在支持 BIM 环境（美）/通用数据环境 CDE（英）的新产品。模型数据库通常基于 IFC 或 CIS/2 等标准数据模型进行构建，因此模型数据库通常也称为模型服务器、BIM 服务器、IFC 服务器、数据存储库等。

6.4.4 在传统的基于文件的项目管理信息系统（PMIS）上开发或集成模型数据库，即是目前市面上出现的名叫“基于 BIM 的协同管理平台”产品。这些“基于 BIM 的协同管理平台”有的还处于文件级管理阶段——仅仅实现了对 BIM 模型文件（例如，*.rvt、*.dgn、*.pln 和 *.ifc）在数据库中的存储，有的已经实现了对

BIM 对象级的管理——实现了对模型中不同颗粒度的模型对象的管理（分区、楼层、构件等）。但目前市场上的"基于 BIM 的协同管理平台"还存在很多功能问题，如：①停留在可视化和查看等功能，还不支持在线各专业同步、编辑等协同功能；②异构模型之间的同步仍依赖手动执行，还不能完全自动化，效率较低。以上也是"基于 BIM 的协同管理平台"未来发展方向。

6.4.5

1 管理与项目关联的用户，以便他们的参与、访问和操作可以被跟踪并与工作流协调。用户访问控制为不同级别的模型粒度提供访问和读/写/创建能力。模型访问的粒度很重要，因为它确定了用户必须保留多少模型数据才能对其进行修改。

2，3 建模软件输出的数据格式不尽相同，如 Autodesk Revit 的 RVT 格式，Bentley 公司的 DGN 格式等，因此 BIM 数据库应支持市场上潜在的广泛的建模软件输出的不同格式（多源异构）的数据的解析、融合和管理。

4 事务（Transaction），是读取、写入和创建数据的数据库操作序列。

5 版本控制——保持和管理事务和数据更改记录的能力是并行管理数据的关键要求，尤其是在多用户环境中。

6，7 可以实现 BIM 模型的可视化展示是最基本的要求。

8 应考虑安全问题。

9 支持与产品库的融合。

10～12 支持模型与属性信息、文件类信息的链接，非结构化数据（电子邮件、电话记录和会议记录、日程安排、照片、传真和视频）的存储等。

6.4.6

1，2 目前公开的数据交换格式（例如 IFC）不足以重新创建应用程序（如 Revit，Bentley）使用的本机数据格式（RVT，DGN），除了少数有限的情况。由于参数化建模设计工具中内置行为的基本异质性，这些只能从本机应用程序数据集本身重新创建。因此，任何公开的数据交换格式的交换信息，例如IFC模型数据，都必须由BIM创作工具生成的本地项目文件进行扩充或关联，然后再重新提交至数据模型库，不断滚动实现数据的交换。

3 BIM模型作为“单一信息源”的概念经常被认为是其主要优势之一。很明显，BIM模型应该以不同的方式进行配置，并且针对不同的目的和不同的项目阶段需要不同的信息集。因此，为区分不同目的BIM模型的术语被创造出来。此类术语的示例包括设计BIM、施工BIM、FM BIM、4D BIM（用于进度计划和管理的BIM）和5D BIM（用于成本估算的BIM）模型。因此，BIM数据库应具备一种数据集准备和与检查能力，确保数据能够满足各项BIM应用的数据要求。

4 模型数据库可以单独建立，也可与项目已存在的项目管理系统的模型数据库实现数据的交换和集成。

6.4.7 随着技术的不断发展，模型数据库的开发也在探索基于不同的数据库平台进行开发。最早于2002年由芬兰的VTT和日本的SECOM开发的基于IFC的模型数据库和2004年美国乔治亚理工学院开发了基于CIS/2的BIM数据库便是基于关系型数据库（relational database RDB）开发。但关系型数据库存在着模型对象转化为关系型结构所需时间过长的问题，因此之后便开始了使用面向对象数据库（OODB）、非关系型数据库（Not only SQL, NoSQL）和对象关系数据库（ORDB）开发BIM模型数据库，典型的案例便是Express Data Manager（EDM）（Jotne EPM Technology, 2013）、Open BIMserver（BIMserver. org, 2012）和OR-IFC服务器（Lee et al., 2014）。因此，模型数据库应基于自身的需求和技术的发展选择合适的数据库平台进行开发应用。

6.4.8 模型数据库本质上也是一种数据库，其在安全领域的要求也应符合国家关于信息安全相关的规定。